建筑工程风险管理探究

严文斌 著

吉林科学技术出版社

图书在版编目（CIP）数据

建筑工程风险管理探究 / 严文斌著. -- 长春 : 吉林科学技术出版社, 2024.3

ISBN 978-7-5744-1242-2

Ⅰ. ①建… Ⅱ. ①严… Ⅲ. ①建筑工程－风险管理－研究 Ⅳ. ① TU71

中国国家版本馆 CIP 数据核字 (2024) 第 069122 号

建筑工程风险管理探究

著　严文斌
出 版 人　宛　霞
责任编辑　吕东伦
封面设计　树人教育
制　　版　树人教育
幅面尺寸　185mm × 260mm
开　　本　16
字　　数　320 千字
印　　张　14.375
印　　数　1~1500 册
版　　次　2024 年 3 月第 1 版
印　　次　2024 年12月第 1 次印刷

出　　版　吉林科学技术出版社
发　　行　吉林科学技术出版社
地　　址　长春市福祉大路5788 号出版大厦A 座
邮　　编　130118
发行部电话/传真　0431-81629529 81629530 81629531
81629532 81629533 81629534
储运部电话　0431-86059116
编辑部电话　0431-81629510
印　　刷　廊坊市印艺阁数字科技有限公司

书　　号　ISBN 978-7-5744-1242-2
定　　价　90.00元

前言

随着社会经济的不断发展使我国的社会主义建设事业持续发展，各类建筑工程施工项目开展得如火如荼，建筑工程行业的发展体系也变得越来越成熟。建筑工程在施工的过程中，存在着一定的风险。随着社会的发展，人们对于建筑工程施工的要求也越来越高，同时对建筑工程施工中存在风险的重视程度也越来越高。因为一旦发生风险，就会对建筑工程造成一定的损失，甚至还会造成重大财产损失、人身伤亡等。虽然人们希望完全消除建筑工程施工中的风险，但由于风险是客观存在的，因此，只能最大限度地减少建筑工程施工中的风险。项目管理人要实现对建筑工程施工的风险控制，就必须重视对建筑工程施工过程的风险管理。

建筑工程施工项目的风险，隐藏在建筑工程施工的全过程，因此必须对建筑工程施工进行全面、系统的风险管理。在市场经济体制下，合同已成为正常、有序地进行经济活动的主要依据之一。任何工程问题首先都要按合同来解决，合同具有法律上的最高优先地位。双方必须按合同内容承担相应的法律责任，享有相应的法律权利，并且用合同去规范自己的行为。如果不认真履行合同规定的责任和义务，或者单方面撕毁合同，就会受到经济甚至法律的处罚。本书按照工程管理专业的教学要求，结合我国现行法律法规和现代国际工程法律制度组织撰写完成。

由于著者水平有限，加之时间仓促，书中难免有疏漏，恳请同行专家和读者批评指正。

目 录

第一章　建筑工程施工项目风险管理概述

风险是现实社会中客观存在的一种现象，在建筑工程施工项目中同样也存在着一定的风险，只有开展相应的风险管理，才能够对建筑工程项目中潜在的风险进行相关控制，保证建筑工程施工项目顺利完成。因此，需要对风险及风险管理的相关理论进行研究，了解建筑工程施工项目风险管理的重要性，完善工程施工项目风险关联的理论基础。

第一节　风险管理的理论概述

一、风险的相关理论概述

（一）风险的定义

一般而言，在人们的认知中，风险总是与不幸、损失联系在一起的。尽管如此，有些人在采取行动时，即使已经知道可能会有不好的结果，但仍要选择这一行动，主要是因为其中还存在着他们所认为值得去冒险的、好的结果。

为了深入了解和研究风险及风险现象，更好地来防范风险、减轻危害，做出正确的风险决策，首要任务就是给出风险的确切定义。

目前，关于风险的定义尚没有较为统一的认识。最早的定义是 1901 年美国的威雷特在他的博士论文《风险与保险的经济理论》中给出的“风险是关于不愿发生的事件发生的不确定性之客观体现”，该定义强调两点：一是风险是客观存在的，是不以人的意志为转移的；二是风险的本质是不确定性。奈特则从概率角度，对风险给出了定义，认为“风险（Risk）”是客观概率已知的事件，而“客观概率”未知的事件叫作“不确定”。

但在实际中，人们往往将“风险”和“不确定”混为一谈。此后，许多学者根据自己的研究目的和领域特色，对风险提出了不同的定义。如美国学者威廉姆斯和汉斯将风险定义为“风险是在给定条件下和特定时间内，那些可能发生结果的差异”，该定义强调风险是预期结果与实际结果的差异或偏离，这种差异或偏离越大则风险就越大。以上定义代表了人们对风险的两种典型认识。而我国风险管理学界主流的风险定义则结合了这两种认识，既强调了不确定性，又强调了不确定性带来的危害。

本书将风险定义为：风险是主体在决策活动的过程中，由于客观事件的不确定性引起的，可被主体感知的与期望目标或利益的偏离。这种偏离有大小、程度以及正负之分，即风险的可能性、后果的严重程度、损失或收益。

从以上风险定义不难看出，风险与不确定性有着密切的关系。严格来说，风险和不确定性是有区别的。风险是可测定的不确定性，是指事前可以知道所有可能的后果以及每种后果的概率。而不可测定的不确定性才是真正意义上的不确定性，是事前不知道所有可能后果，或者虽知道后果但不知道它们出现的概率。但是，在面对实际问题时，两者很难区分，并且区分不确定性和风险几乎没有实际的意义，因为实际中对事件发生的概率是不可能真正确定的。而且，由于萨维奇“主观概率”的引入，那些不易通过频率统计进行概率估计的不确定事件，也可采用服从某个主观概率方法进行表述，即利用分析者经验及直觉等主观判定方法，给出不确定事件的概率分布。因此，在实务领域对风险和不确定性不作区分，都视为“风险”，并且概率分析方法，成为最重要的手段。

（二）风险的特征

风险的特征是风险的本质及其发生规律的表现，根据风险定义可以得出如下风险特征：

（1）客观性与主观性。一方面风险是由事物本身客观性质具有的不确定性引起的，具有客观性；另一方面风险必须被面对它的主体所感知，具有一定的主观性。因为，客观上由事物性质决定而存在着不确定性引起的风险，只要面对它的主体没有感知到，那也不能称其为对主体而言的风险，只能是一种作为客观存在的风险。

（2）双重性。风险损失与收益是相辅相成的。也就是说，决策者之所以愿意承担风险，是因为风险有时不仅不会产生损失，如果管理有效，风险可以转化为收益，风险越大，可能的收益就会越多。从投资的角度看，正是因为风险具有双重性，才促使着投资者进行风险投资。

（3）相对性。主体的地位和拥有资源的不同，对风险的态度和能够承担的风险就会有差异，拥有的资源越多，所承担风险的能力就越大。另外，相对于不同的主体，风险的含义也会大相径庭，例如汇率风险，对有国际贸易的企业和纯粹国内企业是有很大差别的。

（4）潜在性和可变性。风险的客观存在并不是说风险是实时发生的，它的不确定性决定了它的发生仅是一种可能，这种可能变成实际还是有一定条件的，这就是风险的潜在性。并且随着项目或活动的展开，原有风险结构会改变，风险后果会变化，新的风险会出现，这是风险的可变性。

（5）不确定性和可测性。不确定性是风险的本质，形成风险的核心要素就是决策后果的不确定性。这种不确定性并不是指对事物的变化全然不知，人们可以根据统计资料或主观判断对风险发生的概率及其造成的损失程度进行分析，风险的这种可测性是风险分析的理论基础。

（6）隶属性。所谓风险的隶属性，是指所有风险都有其明确的行为主体，而且还必须与某一目标明确的行动有关。也就是说，所有风险都是包含在行为人所采取行动过程中的风险。

（三）风险的因素与分类

1. 风险的因素

导致风险事故发生的潜在原因，也就是造成损失的内在原因或者间接原因就是风险因素，它是指引起或者增加损失频率和损失程度的条件。一般情况下风险因素可以分为以下三个：

（1）实质风险因素。它是指对某一标的物增加风险发生机会或者导致严重损伤和伤亡的客观自然原因，强调的是标的物的客观存在性，并不以人的意志为转移。比如，大雾天气是引起交通事故的风险因素，地面断层是导致地震的风险因素。

（2）心理风险因素。它是指由于心理的原因引起行为上的疏忽和过失，从而成为引起风险的发生原因，此风险因素强调的是一种疏忽和大意，还有过失。比如，某些工厂随意倾倒污水导致水污染。

（3）道德风险因素。它指人们的故意行为或者不作为。这里的风险因素主要强调的是一种故意的行为。比如，故意不履行合约引起经济损失等。

2. 风险的分类

风险的分类有多种方法，比较常用的有以下几种：

（1）按照风险的性质可划分为纯粹风险和投机风险。只有损失机会而没有获利可能的风险是纯粹风险；既有损失机会也有获利可能的风险为投机风险。

（2）按照产生风险的环境可划分为静态风险和动态风险，静态风险是指自然力的不规则变动或人们的过失行为导致的风险；动态风险则是指社会、经济、科技或政治变动产生的风险。

（3）按照风险发生的原因可划分为自然风险、社会风险和经济风险等。自然风险是指由自然因素和物理现象所造成的风险；社会风险是指个人或团体在社会上的行为导致的风险；经济风险是指在经济活动过程中，因市场因素影响或者管理经营不善导致经济损失的风险。

（4）按照风险致损的对象可划分为财产风险、人身风险和责任风险。各种财产损毁、灭失或者贬值的风险是财产风险；个人的疾病、意外伤害等造成残疾、死亡的风险为人身风险；法律或者有关合同规定，因行为人的行为或不作为导致他人财产损失或人身伤亡，行为人所负经济赔偿责任的风险即为责任风险。

二、风险管理的相关理论概述

（一）风险管理的发展历史

人类历史上对风险问题的研究可以追溯到公元前 916 年的共同海损制度以及公元前 400 年的船货押贷制度。到 18 世纪产业革命，法国管理学家亨瑞 · 法约尔在《一般管理和工业管理》一书中才正式把风险管理思想引进企业经营管理，但长期以来没有形成完整的体系和制度。1930 年，美国宾夕法尼亚大学所罗门 · 许布纳博士在美国管理学会发起的一次保险问题，会议中首次提出风险管理这一概念，其后风险管理迅速发展成为一门涵盖面甚广的管理科学，尤其是从20世纪六七十年代至今，风险管理已几乎涉及到经济和金融的各个领域。

20世纪70年代以来，西方发达国家对风险管理的研究已有很大发展，基本上形成了一个体系较完整的新学科和独立的研究领域，各国几乎都建立了独自的风险研究机构。1975年，美国成立了风险与保险管理协会（RIMS）。在1983年的RIMS年会上，世界各国专家学者共同讨论并通过了“101条风险管理准则”，其中包括风险识别与衡量、风险控制、风险财务处理、索赔管理、国际风险管理等，此准则被作为各国风险管理的一般准则。2004年，美国的项目管理协会（PMI）对原有的项目管理知识体系（PMBOK进行了修订，颁布了新的项目管理知识体系2004版，风险管理作为其中的九大知识领域为项目的成功运作提供重要保障，在欧洲，日内瓦协会（又名保险经济学国际协会）协助建立了“欧洲风险和保险经济学家团体”，该学术团体致力于研究有关风险管理和保险的学术问题，其会员都是英国和其他欧洲国家大学的教授。受发达国家风险研究的影响，发展中国家风险管理的发展也极为迅速。1987年，为推动风险管理在发展中国家的推广和普及，联合国出版了《发展中国家风险管理的推进》研究报告。

近几十年，风险管理的系统理论和方法在工程建设项目上得到了广泛应用，为项目各项建设目标的顺利实现发挥了重要作用。特别是在近十多年来，建设项目在规模、技术复杂性、资金的投入和资源的消耗等方面不断增加，使项目面临的风险也越来越多，风险管理在项目管理中所发挥的作用也越来越大。我国的风险管理研究起步比较晚，中华人民共和国立后，最初实行的是计划经济体制，对项目的风险性认识不足，项目风险所产生的损失都由政府承担，投资效益差，盲目投资、重复建设的现象非常严重。改革开放实行了市场经济体制后，才渐渐认识到风险管理的重要性，并清楚地发现在计划经济下投资体制的种种弊端是使风险缺乏约束机制的重要根源，实行了“谁投资、谁决策、谁承担责任和风险”的原则。许多对经济和社会发展具有重要影响的大型工程项目，如京九铁路、三峡工程、黄河小浪底工程等，都开展了风险管理方面的应用研究，并且取得了非常明显的效果和一定的效益。可以预见，随着我国经济建设速度的不断加快、国际化进程的不断深化和改革开放的进一步深入，风险管理的理论和实践必将在我国跃上一个新的台阶。

（二）风险管理的定义

风险管理作为一门新的管理科学，既涉及一些数理观念，又涉及大量非数理的艺术观念，不同学者在不同的研究角度下提出了很多种不同的定义。风险管理的一般定义如下：风险管理是一种应对纯粹风险的科学方法，它通过预测可能的损失，设计并实施一些流程去最小化这些损失发生的可能；而对确实发生的损失，最小化这些损失的经济影响。风险管理作为降低纯粹风险的一系列程序，涉及对企业风险管理目标的确定、风险的识别与评价、风险管理方法的选择、风险管理工作的实施，以及对风险管理计划持续不断地检查和修正这一过程。在科技、经济、社会需要协调发展的今天，不仅存在纯粹风险，还存在着投机风险，因此，风险管理是指风险发生之前的风险防范和风险发生后的风险处置，其中包含四种含义：①风险管理的对象是风险损失和收益；②风险管理是通过风险识别、衡量和分析的手段，以采取合理的风险控制和转移措施；③风险管理的目的是在获取相应最大的安全保障的基础上寻求企业的发展；④安全保障要力求以最小的成本来换取。简而言之，风险管理是指对组织运营中要面临的内部、外部可能危害组织利益的不确定性，进而采取相应的方法进行预测和分析，并制定、执行相应的控制措施，以获得组织利润最大化的过程。

风险管理的目标应该是在损失发生之前保证经济利润的实现，而在损失发生之后能有较理想的措施使之最大可能地进行复原。换句话说，就是损失是不可避免，而风险就是这种损失的不确定性。因此应该采取一些科学的方法和手段将这种不确定的损失尽量转化为确定的、我们所能接受的损失。风险管理有如下特征：①风险管理是融合了各类学科的管理方法，它是整合性的管理方法和过程；②风险管理是全方位的，它的管理面向风险工程、风险财务和风险人文；③管理方法多种多样，不同的管理思维对风险的不同解读可以产生不同的管理方法；④适应范围广，风险管理适用任何的决策位阶。

（三）风险管理的特征

学术界将风险管理的特点归结为以下四点：

（1）风险发生的时间是有期限的。项目分类不同，可能遇到的风险也会不同，并且风险只是发生在工程施工项目运营过程中的某一个时期，所以，项目对应的风险承担者同样也一般是在一个特定的阶段才有风险责任。

（2）风险管理处于不断变化中。当一个项目的工作计划、开工时间、最终目标以及所用费用各项内容都已经明确以后，此项目涉及的风险管理规划也必须一同处理完毕。在项目运营的不同环节，倘若项目的开工时间以及费用消耗等条件发生改变时，与其对应的风险同样也要发生改变，因此，必须重新对其进行相关评价。

（3）风险管理要耗费一定的成本。项目风险管理主要的环节有风险分析、风险识别、风险归类、风险评价以及风险控制等，这些环节均是要以一定成本为基础的，并且风险管理的主要目的是缩减或是消除未来有可能遇到的不利于或者是阻碍项目顺利发展的问题，因此，风险管理的获益只有在未来甚至是到项目完工后才能够体现出来。

（4）风险管理的用途就是估算与预测。风险管理的用途并不在于项目风险发生之后来抱怨或是推卸相关责任的，而是一个需要相互依托、相互信任、相互帮助的团队通过共同努力来解决项目发展过程中遇到的风险问题。

（四）风险管理的目标

风险管理的目标是对项目风险进行预防、规避、处理、控制或是消除、缩减风险对项目的顺利完成造成的不利因素，通过最小化的费用消耗来获得对项目的可靠性问题的保障，确保该项目的顺利高效完成。项目风险管理的系统目标一般有两个，一个是问题产生之前设定的目标，另一个是问题发生以后设定的目标。

风险管理的基本工作是对项目的各环节涉及的相关资料进行分析、调查、探讨甚至是进行数据搜集。其中，需要重点关注的是将项目与发生项目的环境之间相互作用的关系考虑在内，风险主要发生的根源就是项目和环境之间产生的摩擦，进而产生的一系列不确定性。

（五）风险管理的原则

项目风险管理的目标是控制并处理项日风险，防止和减少损失，保障项目的顺利进行。因此，项目风险管理遵循如下原则：

（1）经济性原则。风险管理人员在制订风险管理计划时应以总成本最低为总目标，即风险管理也要考虑成本。以最合理、最经济的处理方式把控制损失的费用降到最低，通过尽可能低的成本，达到项目的风险保障目标，这就要求风险管理人员对各种效益和费用进行科学的分析和严格的核算。

（2）满意性原则。不管采用什么方法，投入多少资源，项目的不确定性是绝对的，而确定性是相对的。因此，在项目风险管理过程中允许存在一定的不确定性，只要能达到要求、满意就行了。

（3）全面性原则。就是要用系统的、动态的方法进行风险控制，以减少项目过程中的不确定性，主要表现在：项目全过程的风险控制、对全部风险的管理、全方位的管理、全面的组织措施等。

（4）社会性原则。项目风险管理计划和措施必须考虑周围地区及一切与项目有关并受其影响的单位、个人等对该项目风险影响的要求；同时，风险管理还应充分注意有关方面的各种法律、法规，使项目风险管理的每一步骤都具有合法性。

第二节　建筑工程施工项目及其风险

一、建筑工程施工项目的特征

受到工期、成本、质量等条件的约束，建筑工程项目在一定的条件下，有以下三点特征。

（一）不可复制

工程项目本身是唯一性的，是独立且不可复制存在的，单件性的，这是工程项目的主要特征，其指的是这一项任务是找不到完全相同的，其任务本身与最终成果直接表现出其不同之处。为了保证工程项目的顺利进行，就必须结合工程项目的特殊性进行针对性管理，而为了实现这一点，就要对工程项目的一次性有一个正确的认识。

（二）目标明确

工程项目目标具有明确性。工程项目的目标包括两类，即成果性目标与约束性目标。其中工程项目的功能性要求就是指成果性目标，而约束性目标则包括期限、质量、预算等限制条件。

（三）整体性

作为管理对象，工程项目具有整体性。单个项目的需求要对很多生产要素进行统一配置，在过程中要确保数量、质量和结构的总体优化，并随内外环境变化，对其进行动态调整，也就是要在实施过程中必须坚持以项目整体效益提高和有益为原则。

以建筑工程施工项目为对象，以合同、施工工艺、规范为依据，以项目经理为责任人，对相关所有资源进行优化配置，并进行有计划、有控制、有指导、有组织的管理，达到时间、经济、使用效益最大化的整个过程就是施工项目管理。通过施工项目管理，可以对项目的质量目标、进度目标、安全目标、费用目标进行合理的界定，并通过对资源的优化配置、对合约和费用的组织与协调，最终达到施工项目设定的各项目标。

二、建筑工程施工项目存在的风险

（一）内部风险

1. 业主风险

如果是业主方合伙制，则可能因为各个合伙方对项目目标、义务的承担、所有权利等的认识不深刻而导致工程实施缓慢。就算是在实施工程的企业内部，项目管理团队也可能会因为各个管理团队之间缺乏协作而导致无法对工程进行高效的管理。

（1）建筑工程施工项目可行性研究不准确，部分业主对市场和资源缺乏详细的调查研究，甚至缺乏科学的技术领域研究，在建筑工程施工项目分析报告里毫无根据地就减少投入资金的数量，过于乐观地评估建筑工程施工项目的效益，导致在建筑工程施工项目实施过程中，由于后期资金投入的匮乏而导致建筑工程施工项目不得不暂时停工或延期，或在工程停止投入后，由于效益不理想，成本无法随时撤回，从而降低了建筑工程施工项目质量以及收益，进而在一定程度上导致国家和政府的亏损。

（2）建筑工程施工项目业主方主体的做法不到位。建筑工程施工项目的业主方主体做法不到位反映在如下方面：权利使用不当，任意外包或招标造假；无根据压价；不科学地拆分工程；固定材料来源；施工过程不合理；拖延项目；工期制定不科学等。

上述业主的不当行为，不仅使业主承担了相当大的建设质量、人员安全和效益低微的风险，而且一旦被发现，还将受到政府的处罚。

（3）合同风险。所谓的合同风险是指合同作为关系着双方或多方的具有法律效力的文件，因为建筑工程施工项目业主方主体能力素质的缺乏，造成了部分合同内容不科学，施工中经常会出现超出预算的现象，导致业主要付出更多的资金作为违约金。在建筑工程施工项目承包过热的背景下，承包商主体单独凭借报价获得效益的途径早已不存在，因而向业主索要违约金就变成其大部分的盈利来源。现实中经常存在条款含糊其词的情况，为承包商向业主索要赔款提供了一定的便利。

（4）自身组织管理原因引起的风险。建筑工程施工项目自身组织管理风险主要反映在如下：业主方主体缺少专业的板块负责人，无法切实掌控建筑工程施工项目质量和工期，由于相关遗漏而交付的索赔款等。

2. 承包商风险

承包商风险就是在建筑工程施工项目里明确指出刨除必须由业主方主体承担的风险，其余的全部风险就是建筑工程施工项目承包商的风险。在建筑工程施工项目发展的不同时期，承包商主体的风险也是不尽相同的。

（1）投标计划阶段。建筑工程施工项目投标计划阶段的主要内容有进入市场的必要性，对项目投标的必要性；当确认要进入市场或确定投标之后则要定义投标的性质；对投标的性质进行确定之后还要制订方案设法可以中标。对于以上的活动中存在着相当多的风险：渠道的风险，保标与买标风险和报价不合理风险。承包商风险主要体现在报价的失误，报价风险则主要体现在以下几个方面：业主特殊的限定条件风险，建设材料风险，生产风险。

（2）完工验收与交接阶段。对于学识与技术缺乏的建筑工程施工项目承包商主体来说，该时期存在着大量的风险。其中，完工验收是施工单位在工程建设过程中非常重要的环节，之前环节潜在的问题会在这个阶段全部暴露出来。所以，承包商应详细检查项目实施的所有环节，确保在完工验收环节不会出现任何纰漏。

3. 设计方风险

在建筑工程施工项目的设计方主体工作时，相关负责人一般都比较重视对消防路线疏散设计、建筑结构体系设计、施工装备保护设计等类型的风险管理，可是面对具体的建筑工程施工项目设计行为实施过程中的风险管理则略有不同。现实建筑工程施工项目实施过程中，设计方主体风险一般包括设计过程中的变更较多，设计方案过于保守以及设计理念或方案失误等等。

4. 监理方风险

（1）监理组织风险。因为项目组织具有对外性、短期性和协作性等特点，导致其相关的管理工作要比其他运营企业的管理工作更有难度。因此，项目企业所存在的风险往往要高于日常运营企业中的风险，这就有必要对项目组织风险进行科学的管理。

（2）监理范围风险。监理范围的风险体现在监理方对监理范围认识的错误。有关监理范围的划分，在所签署合同的条款中已明确指出，但在现实的监理工作中，监理方以及总监理往往没有对监理范围进行认真界定就同现场监理者进行交流，导致现场监理人员对监理范围认识错误。

（3）监理质量风险。监理质量不同于工程质量，建立质量是指整个工程监理工作的好坏。监理的质量往往决定了监理方履行合约的效果和监理方对所监理项目的“三控、两管、一协调”等工作的最终成果。所以，监理应根据监理方 ISO 的质量指标体系，来确保施工现场监理人员监理的质量。

（4）监理工程师失职。监理工程师失职是指因监理工程师自身能力有限、缺乏责任心给工程造成的损失；个别监理工程师滥用职权，拿权力做交易，致使业主的利益受损。

在项目实施阶段存在一定的风险，其后果对施工的质量、施工进度和成本造成了一定的影响，从而降低了监理方的工作质量和利益。识别实施阶段的风险的方法主要是面谈，面谈的对象是监理人员和相关工作的专业职员，特别是施工现场中的总监和监理工程师，因为他们是工程监理工作前线的工作者，从施工的角度讲，他们和其他部门有着诸多关联，对可能产生的风险最为了解，此外，面谈人员中也包括与监理单位有关的工作者，例如组织管理部门的管理者、ISO 质量体系的审核者。

（二）外部风险

1. 政治风险

传统意义上的建筑工程施工项目政治风险一般是说，因为一个国家的政治权利或者是政治局势的变更，会导致这个国家的社会不安定，进而对建筑工程施工项目的发展或实施产生重大影响的一种项目外风险；也有因为国家政府或者政策方面的因素，强制建筑工程施工项目加速完工或是缩减某些施工环节而引发的建筑工程施工项目风险。一般情形是，某地区政府需要在指定的地点举办活动或领导要巡查工作占用场地等需要某建筑工程施工项目提早完工或缩短工期，如此一来，建筑工程施工项目就要购买更多的装备，延长工作人员的上班时间或加班等等，如此种种便加大了建筑工程施工项目的资金支出。针对此类的建筑工程施工项目风险事件，根本无法预见，并且也不能测算出来，因此，在建筑工程施工项目做预算时应将此类风险纳入其中。

如今，政治风险特指政治方面的各种事件和原因而导致建筑工程施工项目蒙受意外损失。一般来讲，建筑工程施工项目政治风险是一种完全主观的不确定性事件，包括宏观和微观两个方面。宏观的建筑工程施工项目政治风险是指在一个国家内对所有经营者都存在的风险。一旦发生这种风险，所有的人都可能受到影响，像战争、政局更迭等。而微观的建筑工程施工项目风险则仅仅是局部受影响，部分人受害而另一部分人则可能受益，或仅仅是某一行业受到不利影响。

2. 自然风险

建筑工程施工项目的实施长期处于户外露天环境，必须将气候和天气的影响纳入到风险管理的范围内，外界温度太热或者长期处于低温状态，常年阴雨、干旱或是积雪等天气都会对建筑工程施工项目的运营产生影响。因此，建筑工程施工项目的自然风险就是指由于自然环境，比方说地理分布、天气变化等因素阻碍建筑工程施工项目的顺利实施。它是建筑工程施工项目发生的地域人力无法改变的不利的自然环境、项目实施过程大概遇到的恶劣气候，建筑工程施工项目身处的外界环境，破旧不堪的杂乱的施工现场等要素建筑工程施工项目造成的风险。

自然风险包括：恶劣的气象条件，如严寒无法施工，台风、暴雨都会给施工带来困难或损失；恶劣的现场条件，如施工用水用电供应的不稳定性，工程不利的地质条件，又如洪水、泥石流等；不利的地理位置，如工程地点十分偏僻，交通十分不利等；不可抗力的自然灾害，如地震，洪灾等。

3. 经济风险

建筑工程施工项目经济风险其实就是建筑工程施工项目实施过程中，因为资源分配不妥当、较严重的通货膨胀、市场评估不正确以及人力与资源供需不稳定等原因引发的导致建筑工程施工项目在经济上存在的问题。部分经济风险是广泛性的，对所有产业都会产生一定的危害，比方说汇率忽高忽低、物价不稳定、波及全球的经济危机等；而另一部分建筑工程施工项目经济风险的波及程度只是对建设产业范围的组织，比如政府对投资建设产业上资金的变动、现期房的出售情况、原材料和劳动力价格的变动；还有一部分经济风险是在工程外包过程中引起的，这种经济风险只涉及某一个建筑工程施工项目施工方主体，比方说建筑工程施工项目的业主方执行合约的资格等。在建筑工程施工项目发展的过程中，业主方主体存在由于建筑工程施工项目的成本投入扩大和偿债能力的波动而造成的经济评估的潜在风险。

经济风险包括：宏观经济形势不利，如整个国家的经济发展不景气；投资环境差；工程投资环境包括硬环境（如交通、电力供应、通信等条件）和软环境（如地方政府对工程开发建设的态度等）；原材料价格不正常上涨，如建筑钢材价格不断攀升；通货膨胀幅度过大，税收提高过多；投资回报期长。

第三节　建筑工程施工项目的风险管理

一、建筑工程施工项目风险管理的定义

建筑工程项目的立项、分析、研究、设计以及计划等实施都是建立在对未来各个工作预测的基础之上的，建筑工程项目建设的正常进行，必须以技术、管理和组织等方面来科学并合理地实现作为前提。然而，通常在建筑工程项目建设的过程中，不可避免会出现一些影响因素对项目建设造成影响，导致部分不确定目标的实现存在较大

的难度。对于这部分建筑工程项目中难以进行预测与评估的干扰因素，就被称为建筑工程项目风险。

二、建筑工程施工项目风险的影响因素

建筑工程项目施工风险是由多方面因素形成的，主要包括人的因素、技术因素、环境因素等。

（一）人的因素

这里说的人的因素不单指施工方造成的风险，还包括业主方的影响。首先，施工方的因素。施工方承担整个工程的施工过程，无论是参与施工的管理人员，还是操作人员，都有可能是造成工程损失的风险源。如，安全意识不到位、安全措施实施不到位等可能造成工程安全事故的发生。另外，施工人员的心理素质、应变能力、工作心态等方面也可能决定施工风险的发生概率及造成损失的后果。其次，业主方的因素。业主方虽然不直接参与施工过程，但是却最大程度上掌握项目的最大资源。如业主方决定了工程完成的工期、资金的拨付情况等。

（二）技术因素

施工人员的专业度、熟练度也是造成建筑工程项目施工风险的重要因素。施工人员的技术越专业、越娴熟，在施工过程中所面临的风险越小，如地基施工，要结合实际的地质条件来确定地基施工工艺。这就需要施工人员对水位、地质、天气等因素进行详细勘察后拟定，如果施工人员技术专业能力差，经验欠缺，就会造成施工工艺选择失当，将会增大施工难度，增加施工成本。

（三）环境因素

自然环境、施工环境均会影响建筑工程项目的施工。除了地震、风暴、水灾、火灾等不可抗力的自然现象会严重影响建筑工程项目施工。除此之外，一些自然天气变化也会影响施工，如施工地区的风力高于 5 级就不适合再施工，不同时间段工地温度差异过大也会造成施工困难。施工环境如果不好，会增大建筑工程项目施工风险。如，夜间施工照明不足，极其容易造成安全事故，场地通风设备不良，一些挥发毒气的材

料会造成施工环境污染等。施工单位应当重视施工环境的管理和改善，要对施工当地道路交通、城市管线、周边设施等可能对施工造成损失的因素进行分析，列出当地的环境状况影响因素，并对可能在施工中产生的后果进行预测。

三、建筑工程施工项目风险管理的意义

风险管理要融入建筑工程施工项目管理流程化中的一部分，真正做到项目管理全面化，因为风险管理是实现项目总目标的坚实保障，也是校正工程项目向着预期目标顺利进展的有力工具，现阶段，中国大规模、高投资的工程项目越来越多，工期也越来越长，这种情况下，风险隐藏无处不在，又纷繁复杂，相互关联。因此，在项目全生命周期中都应时时关注风险，切不可掉以轻心，特别是在施工阶段，严格执行风险防范措施具有重大意义。同时，形成良好风险管控氛围，社会普及相关知识，提高管理人员风险分析水平具有深远影响，主要表现在以下五个方面：

（1）明确风险对项目的影响，通过风险分析的各个环节比较各因素影响的大小，找出适合的管控方式；

（2）经过风险分析后总体上降低项目的不确定性，保证项目目标的实现；

（3）通过建筑工程施工项目风险管理，管理者不再被动应对突发风险而手忙脚乱了，能够更加从容主动地防范风险的发生，而且各种防范方法重组后灵活应对各种新产生的风险，做到事半功倍；

（4）通过建筑工程施工项目风险管理，加强了项目各方沟通的能力，改善了不规范行为，提高了项目执行可靠度，使团队更具有安全感，加强凝聚力；

（5）企业可以通过风险管理，建立自己的风险因素的集合，通过对该项目的不间断监测的数据及时输入，运用风险管理软件的分析，再结合实际施工的进行情况做出较为准确的决策，这样可以提高效率，节约资源，实现建筑工程施工项目的动态管理。

第二章　建筑工程施工项目风险管理的过程

建筑工程施工项目的风险是一个系统的过程，主要包括风险规划、风险识别、风险分析与评估、风险应对、风险监控等环节。风险管理的每个过程都有其相应的内涵，通过对各个环节的实施能够达到一定的目的，同样，建筑工程施工项目风险管理的每个过程都有其相应的实施方法，只有对每个环节进行详细的研究，才能够做好建筑工程施工项目的风险管理。

第一节　建筑工程施工的风险规划

一、风险规划的内涵

规划是一项重要的管理职能，组织中的各项活动几乎都离不开规划，规划工作的质量也集中体现了一个组织管理水平的高低。掌握必要的规划工作方法与技能，是建设项目风险管理人员的必备技能，也是提高建筑工程施工项目风险管理效能的基本保证。

建筑工程施工项目风险规划，是在工程项目正式启动前或启动初期，对项目、项目风险的一个统筹考虑、系统规划和顶层设计的过程，开展建筑工程施工项目风险规划是进行建筑工程施工项目风险管理的基本要求，也是进行建筑工程施工项目风险管理的首要职能。

建筑工程施工项目风险规划是规划和设计如何进行项目风险管理的动态创造性过程，该过程主要包括定义项目组织及成员风险管理的行动方案与方式，选择适合的风险管理方法，确定风险判断的依据等，用于对风险管理活动的计划和实践形式进行决策，它的结果将是整个项目风险管理的战略性和寿命期的指导性纲领。在进行风险规划时，主要考虑的因素有：项目图表、风险管理策略、预定义的角色和职责、雇主的风险容忍度、风险管理模板和工作分解结构 WBS 等。

二、风险规划的目的与任务

（一）风险规划的目的

风险规划是一个迭代过程，其中包括评估、控制、监控和记录项目风险的各种活动，其结果就是风险管理规划。通过制订风险规划，实现下列目的：

（1）尽可能消除风险；

（2）隔离风险并使之尽量降低；

（3）制订若干备选行动方案；

（4）建立时间和经费储备以应对不可避免的风险。

风险管理规划的目的，简单地说，就是强化有组织、有目的的风险管理思路和途径，以预防、减轻、遏制或消除不良事件的发生及产生的影响。

（二）风险规划的任务

风险规划是指确定一套系统全面、有机配合、协调一致的策略和方法并将其形成文件的过程。这套策略和方法用于辨识和跟踪风险区，拟定风险缓解方案，进行持续的风险评估，从而确定风险变化情况并配置充足的资源。风险规划阶段主要考虑的问题有：

（1）风险管理策略是否正确、可行；

（2）实施的管理策略和手段是否符合总目标。

三、风险规划的内容

风险规划的主要内容包括：确定风险管理使用的方法、工具和数据资源；明确风险管理活动中领导者、支持者及参与者的角色定位、任务分工及其各自的责任、能力要求；界定项目生命周期中风险管理过程的各运行阶段及过程评价、控制和变更的周期或频率；定义并说明风险评估和风险量化的类型级别；明确定义由谁以何种方式采取风险应对行动；规定风险管理各过程中应汇报或沟通的内容、范围、渠道及方式；规定如何以文档的方式记录项目实施过程中风险及风险管理的过程，风险管理文档可有效用于对当前项目的管理、监控、经验教训的总结及日后项目的指导等。

一般来讲，项目组在经过论证分析制订风险管理规划时，主要包括如下内容。

（1）风险管理目标。围绕实现项目总目标，提出本项目的风险管理目标。

（2）风险管理组织。成立风险管理团队，确定专人来进行风险管理。

（3）风险管理计划。根据风险等级和风险类别，制订相应的风险管理方案。

（4）风险管理方法。明确风险管理各阶段采取的管理方法，如识别阶段采用专家打分法和头脑风暴法，量化阶段采用统一打分标度，评价计算阶段采用层次分析法，应对措施具体情况具体对待，重要里程碑进行重新评估等。

（5）风险管理要求。实行目标管理负责制，制定风险管理奖励机制，制定风险管理日常制度等。

（一）会议分析法

风险规划的主要工具是召开风险规划会议，参加人包括项目经理和负责项目风险管理的团队成员，通过风险管理规划会议，确定实施风险管理活动的总体计划，确定风险管理的方法、工具、报告、跟踪形式以及具体的时间计划等，会议的结果是制订一套项目风险管理计划。有效的风险管理规划有助于建立科学的风险管理机制。

（二）WBS 法

工作分解结构图（WBS，Work Breakdown Structure）是将项目按照其内在结构或实施过程的顺序进行逐层分解而形成的结构示意图，它可以将项目分解到相对独立的、内容单一的、易于成本核算与检查的工作单元并能把各工作单元在项目中的地位与构成直观地表示出来。

1.WBS 单元级别概述

WBS 单元是指构成分解结构的每一独立组成部分 QWBS 单元应按所处的层次划分级别，从顶层开始，依次为 1 级、2 级、3 级，一般可分为 6 级甚至更多级别。工作分解既可按项目的内在结构，也可按项目的实施顺序。同时，由于项目本身的复杂程度、规模大小也各不相同，从而形成了 WBS 的不同层次。

在实际的项目分解中，有时层次较少，有时层次较多，不同类型的项目会有不同的项目分解结构图。

2. 建筑工程施工项目中的 WBS 技术应用

WBS 是实施项目、创造最终产品或服务所必须进行的全部活动的一张清单，是进度计划、人员分配、预算计划的基础，是对项目风险实施系统工程管理的有效工具。WBS 在建设项目风险规划中的应用主要体现在以下两个方面：

（1）将风险规划工作看成一个项目，用 WBS 把风险规划工作细化到工作单元；

（2）针对风险规划工作的各项工作单元分配人员、预算、资源等。

运用 WBS 对风险规划工作进行分解时，一般应遵循以下步骤。

（1）根据建设项目的规模及其复杂程度以及决策者对于风险规划的要求确定工作分解的详细程度。如果分解过粗，可能难以体现规划内容；分解过细，会增加规划制定的工作量。因此，在工作分解时要考虑下列因素。

①分解对象。若分解的是大而复杂的建设项目风险规划工作，则可分层次进行分解，对于最高层次的分解可粗略，再逐级往下，层次越低，可越详细；若需分解的是相对小而简单的建设项目风险规划工作，则可简略一些。

②使用者。对于项目经理分解不必过细，只需要让他们从总体上掌握和控制规划即可；对于规划的执行者，则应分解得较细。

③编制者。编制者对建设项目风险管理的专业知识、信息、经验掌握得越多，则越可能使规划的编制粗细程度符合实际的要求；反之则有可能失当。

（2）根据工作分解的详细程度，将风险规划工作进行分解，直至得到确定的、相对独立的工作单元。

（3）根据收集的信息，对于每一个工作单元都尽可能详细地说明其性质、特点、工作内容、资源输出（人、财、物等），进行成本和时间估算，并确定负责人及相应的组织机构。

（4）责任人对该工作单元的预算、时间进度、资源需求、人员分配等进行复核，并形成初步文件上报上级机关或管理人员。

（5）逐级汇总以上信息并明确各工作单元实施的先后次序，即逻辑关系。

（6）形成风险规划的工作分解结构图，用以指导风险规划的制订。

第二节　建筑工程施工的风险识别

一、风险识别的内涵

建筑工程施工项目风险识别是对存在于项目中的各类风险源或不确定性因素，按其产生的背景、表现特征和预期后果进行界定和识别，对工程项目风险因素进行科学的分类。简而言之，建筑工程施工项目风险识别就是确定何种风险事件可能影响项目，并将这些风险的特性整理成文档，再进行整理分类。

建筑工程施工项目风险识别是风险管理的首要工作，也是风险管理工作中的最重要阶段。由于项目的全寿命周期中均存在风险，因此，项目风险识别是一项贯穿于项目实施全过程的项目风险管理工作。它不是一次性的工作，而应是有规律地贯穿在整个项目中，并基于项目全局考虑，要避免静态化、局部化和短视化。

建设风险识别是项目管理者识别风险来源、确定风险发生条件、描述风险特征并评价风险影响的过程。通过风险识别，应该建立以下信息：

（1）存在的或潜在的风险因素；

（2）风险发生的后果，影响的大小和严重性；

（3）风险发生的概率；

（4）风险发生的可能时间；

（5）风险与本项目或其他项目及环境之间的相互影响。

建筑工程施工项目风险识别是一个系统的并且持续的过程，不是一个暂时的管理活动，因为项目发展会出现不同的阶段，不同阶段所遇到的外部情况和内部情况都不一样，因此风险因素也不会一成不变。开始进行的项目全面风险识别，过一段时间后，识别出的风险会越来越小直至消失，但是新的建筑工程施工项目风险也许又会产生，所以，建筑工程施工项目风险识别过程必须连续且全程跟踪。

由此可见，建筑工程施工项目风险识别的内涵就可以总结为如下内容。

（1）建筑工程施工项目风险识别的基本内容是分析确认项目中存在的风险，即感知风险。通过对建筑工程施工项目风险发生过程的全程监控得以掌握其发生规律，有效地识别出建筑工程施工项目中大概能够发生的风险，进一步知晓建筑工程施工项目实施过程中不同类型的风险问题出现的内在动因、外在条件和产生影响的途径。

（2）建筑工程施工项目风险识别过程除了要探讨和挖掘出存在的风险以外，还得进行实时监控，以识别出各种潜在的风险。

（3）因为建筑工程施工项目进展环境是不断变化的，并且不同阶段的风险也是逐渐发生改变的，建筑工程施工项目风险识别就是一种综合性的、全面性的，最重要的是持续性的工作。

（4）建筑工程施工项目风险识别位于项目风险管理全过程中的第一步，也是最基本最重要的一步，它的工作结果会直接影响到后续的风险管理工作，并最终影响到整个风险管理工作。

二、风险识别的目的

建筑工程施工项目风险识别作为建筑工程施工项目风险管理的铺垫性环节。建筑工程施工项目风险管理工作者在搜集建筑工程施工项目资料并实施建筑工程施工项目现场调查分析以后，采用一系列的技术方法，全面地、系统地、有针对性地对建筑工程施工项目中可能存在的各种风险进行识别和归类，并理解和熟悉各种建筑工程施工项目风险的产生原因，以及能够导致的损失程度。因此，建筑工程施工项目风险识别的目的包括下列三个方面：

（1）识别出建筑工程施工项目进展中可能存在的风险因素，以及明确风险产生的原因和条件，并据此衡量该风险对建筑工程施工项目的影响程度以及可能导致损失程度的大小；

（2）根据风险不同的特点对所有建筑工程施工项目风险进行分类，并记录具体建筑工程施工项目风险的各方面特征，据此制定出最适当的风险应对措施；

（3）根据建筑工程施工项目风险可能引起的后果确定各风险的重要性程度，并制定出建筑工程施工项目风险级别来进行区别管理。

建筑工程施工项目风险存在是多种多样的，根据不同内部和外部环境不一样都会有多种多样的风险：动态的和静态的；有些真实存在，有些还在潜伏期。为此建筑工程施工项目风险识别必须有效地将建筑工程施工项目内部存在的以及外部存在的所有风险进行分类。建筑工程施工项目内部存在的风险主要是建筑工程施工项目风险管理者可以人为地去左右的风险，比如项目管理过程中的人员选择与配备以及项目消耗的成本费用一系列资金的估算等。外部存在的风险主要是不在建筑工程施工项目管理者能力范围之内的风险，比如建筑工程施工项目参与市场竞争产生的风险，以及项目施工时所处的自然环境不断变化造成的风险。

三、风险识别的依据

项目风险识别的主要依据包括：风险管理计划，项目规划，历史资料，风险种类，制约因素与假设条件。

（一）风险管理计划

建筑工程施工项目风险管理计划是规划和设计如何进行建筑工程施工项目风险管理的过程，它定义了工程项目组织及成员风险管理的行动方案及方式，指导工程项目组织如何选择风险管理方法。建筑工程施工项目风险管理计划针对整个项目生命周期制订如何组织和进行风险识别、风险估计、风险评价、风险应对及风险监控的规划。从建筑工程施工项目风险管理计划中可以确定：

（1）风险识别的范围；

（2）信息获取的渠道和方式；

（3）项目组成员在项目风险识别中的分布和责任分配；

（4）重点调查的项目相关方；

（5）项目组在识别风险过程中可以应用的方法及其规范；

（6）在风险管理过程中应该何时、由谁进行哪些风险的重新识别；

（7）风险识别结果的形式、信息通报和处理程序。

因此，建筑工程施工项目风险管理计划是项目组进行风险识别的首要依据。

（二）项目规划

建筑工程施工项目规划中的项目目标、任务、范围、进度计划、费用计划、资源计划、采购计划及项目承包商、业主方和其他利益相关方对项目的期望值等都是项目风险识别的依据。

（三）历史资料

建筑工程施工项目风险识别的重要依据之一就是历史资料，即从本项目或其他相关项目的档案文件中、从公共信息渠道中获取对本项目有借鉴作用的风险信息。以前做过的、同本项目类似的项目及其经验教训对于识别本项目的风险非常有用。项目管理人员可以翻阅过去项目的档案，向曾参与该项目的有关各方征集有关资料，这些人手头保存的档案中常常都会有详细的记录，记载着一些事故的来龙去脉，这对本项目的风险识别很有帮助。

（四）风险种类

风险种类指那些可能对建筑工程施工项目产生正面或负面影响的风险源。一般的风险类型有技术风险、质量风险、过程风险、管理风险、组织风险、市场风险及法律法规变更等。项目的风险种类应能反映出建筑工程施工项目应用领域的特征，掌握了各风险种类的特征规律，也就掌握了风险辨识的钥匙。

（五）制约因素与假设条件

项目建议书、可行性研究报告、设计等项目计划和规划性文件一般都是在若干假设、前提条件下估计或预测出来的。这些前提和假设在项目实施期间可能成立，也可能不成立。因此，建筑工程施工项目的前提和假设之中隐藏着风险。建筑工程施工项目必然处于一定的环境之中，受到内外许多因素的制约，其中国家的法律、法规和规章等因素都是工程项目活动主体无法控制的，这些构成了工程项目的制约因素，都是工程项目管理人员所不能控制的，这些制约因素中隐藏的风险，为了明确项目计划和规划的前提、假设和限制，应当对工程项目的所有管理计划进行审查。例如如下所提。

（1）审查范围管理计划中的范围说明书能揭示出建筑工程施工项目的成本、进度目标是否定得太高，而审查其中的工作分解结构，可以发现以前未曾注意到的机会或威胁。

（2）审查人力资源与沟通管理计划中的人员安排计划，能够发现对项目的顺利进展有重大影响的那些人，可判断这些人员是否能够在建筑工程施工项目过程中发挥其应有的作用。这样就会发现该项目潜在的威胁。

（3）审查项目采购与合同管理计划中有关合同类型的规定和说明。不同形式的合同，规定了建筑工程施工项目各方承担不同的风险。外汇汇率对项目预算的影响，建筑工程施工项目相关方的各种改革、并购及战略调整给项目带来直接和间接的影响。

四、风险识别的特点

建筑工程施工项目风险识别具有如下一些特点。

（1）全员性。建筑工程施工项目风险的识别不只是项目经理或项目组个人的工作，而是项目组全体成员参与并共同完成的任务。因为每个项目组成员的工作都会有风险，每个项目组成员都有各自的项目经历和项目风险管理经验。

（2）系统性。建筑工程施工项目风险无处不在，无时不有，决定了风险识别的系统性，即工程项目寿命期的风险都属于风险识别的范围。

（3）动态性。风险识别并不是一次性的，在建筑工程施工项目计划、实施甚至收尾阶段都要进行风险识别。根据工程项目的内部条件、外部环境以及项目范围的变化情况适时、定期进行工程项目风险识别是非常必要和重要的。因此，风险识别在工程项目开始、每个项目阶段中间、主要范围变更批准之前进行。它必须要贯穿于工程项目全过程中。

（4）信息性。风险识别需要做许多基础性工作，其中重要的一项工作是收集相关的项目信息。信息的全面性、及时性、准确性和动态性决定了建筑工程施工项目风险识别工作的质量和结果的可靠性和精确性，建筑工程施工项目风险识别具有信息依赖性。

（5）综合性。风险识别是一项综合性较强的工作，除了在人员参与、信息收集和范围上具有综合性特点外，风险识别的工具和技术也具有综合性，即风险识别过程中要综合应用各种风险识别的技术和工具。

五、风险识别的过程

建筑工程施工项目风险识别过程通常包括如下五个步骤。

（1）确定目标。不同建筑工程施工项目，偏重的目标可能也各不相同。有的项目可能偏重于工期保障目标，有的则偏重于成本控制目标，有的偏重于安全目标，有的则偏重于质量目标，不同项目管理目标对风险的识别自然也不完全相同。

（2）确定最重要的参与者。建筑项目管理涉及多个参与方，涉及众多类别的管理者和作业者。风险识别是否全面、准确，需要来自不同岗位的人员参与。

（3）收集资料。除了对建筑工程施工项目的招投标文件等直接相关文件认真分析，还要对相关法律法规、地区人文民俗、社会及经济金融等相关信息进行收集和分析。

（4）估计项目风险形势。风险形势估计就是要明确项目的目标、战略、战术以及实现项目目标的手段和资源，以确定项目及其环境的变数。通过项目风险形势估计，确定和判断项目目标是否明确、是否具有可测性、是否具有现实性、有多大不确定性；分析保证项目目标实现的战略方针、战略步骤和战略方法；根据项目资源状况分析实现战略目标的战术方案存在多大的不确定性，彻底弄清项目有多少可用资源。通过项目风险形势估计，可对项目风险进行初步识别。

（5）根据直接或间接的征兆，将潜在项目风险识别出来。

六、风险分析的方法

（一）德尔菲法

这是一种起源很早的方法，德尔菲法是公司通过与专家建立的函询关系，进行多次征求意见，再多次反馈整合结果，最终将所有专家的意见趋于一致的方法。这样最终得到的结果便可作为最后风险识别的结果，这是美国兰德公司最先使用的一种有助于归总零散问题、减少偏倚摆动的一种专家能最终达成一致的有效方法。在操作德尔菲法时要注意以下三点：

（1）专家的征询函需要匿名，这是为了能够最大限度地保护专家的意见，减少公开发表带来的不必要麻烦；

（2）在整合统计时，要扬长避短；

（3）在意见进行交换时，要充分进行相互启发、集众所长，提高准确度。

（二）头脑风暴法

头脑风暴法，是一种通过讨论、思想碰撞，产生新思想的方法，由美国人奥斯本于1939年首创，开始是广告设计人员互相讨论、启发的工作模式。头脑风暴法的特点是通过召集相关人员开会，鼓励与会人员充分展开想象，畅所欲言，杜绝一言堂，真正做到言者无罪，让与会者的思路得到充分拓展。会议时间不能太长，组织者要创造条件，不能给发表意见者施加压力，要使会议环境轻松，从而有利于新思想、新观点的产生。会议应遵循以下原则：

（1）禁止对与会人员的发言进行指责、为难；

（2）努力促进与会人员发言，随着发言的增加，获得的信息量就会增加，出现有价值的思想的概率就会增大；

（3）要重视那些离经叛道、不着边际、不被普通人接受的思想；

（4）将所收集到的思想观点进行汇总，把汇总后的意见及初步分析结果交予与会专家，从而激发新的思想；

（5）对专家意见要进行详细的分析、解读，要重视，但也要有组织自身的判断，不能盲从。

头脑风暴法强调瞬间思维带来的风险数量，而非要求质量。通过刺激思维活跃，使之不断产生新思想的技术。在头脑风暴法进行中无须讨论也不需批判，只需罗列所能想到的一切可能性。专家之间可以相互启发，吸纳新的信息，迸发新的想法，使大家产生共鸣，取长补短的效果。这样通过反复列举，使风险识别更全面，使结果更趋于科学化准确化。

（三）核对表法

要制定核对表，首先要搜集历史相关资料，根据以往经验教训，制定出涵盖较广泛的可做借鉴依据的表格。此表格包括的内容可以从项目的资金、成本、质量、工期、招标、合同等等方面进行说明项目成败的原因。还可以从项目技术手段、项目处在的环境、资源等方面进行分析。将当前有待风险管理的项目参考此表，再结合自身特点对其环境、资源、管理等方面进行对比，查缺补漏，找出风险因素。这种方法优点是识别迅速，要求技术含量低，方便，但其缺点是风险识别因素不全面，有局限性。

（四）现场考察法

风险管理人员能够识别大部分的潜在风险，但不是全部，只有深入到施工阶段内部进行实地考察，收集相关的信息，才能准确而全面地发现风险。例如，到施工阶段考察，可以了解到有关工程材料的保管情况；项目的实际进度如何，是否存在安全隐患以及项目的质量情况。

（五）财务报表分析法

通过对财务的资产负债表、损益表等相关财务报表分析得出现阶段企业财务情况，识别出工程项目存在的财务风险，判断出责任归属方及损失程度。此方法适用于确定特殊工程项目预计产生的损失，以及可以帮助分析出是什么因素导致损失的。此方法经常被使用，优点突出，针对前期投资分析和施工阶段财务分析中极为适用。

（六）流程图法

流程图表示一个项目的工作流程，通常有各种流程图表示，不同种类流程图表达相互信息间关系不同，有的表示项目整体工作流程的称为系统流程图；有的表示项目施工阶段相互关联的流程图称为项目实施流程图；有的表示部门间作业先后关系的流程图称为项目作业流程图。使用这种方法分析风险，识别风险简洁明了，结构清晰，并能捕捉动态风险因素。其优点在于此方法可以有效辨识风险所处的环节，以及多环节间的相互关系，连带影响到的其他环节。运用此法，管理者会高效地辨明风险潜在威胁。

（七）故障树分析法

1961 年，美国贝尔实验室提出故障树分析法。故障树分析法是定性分析项目可能发生的风险的过程，其主要工作原理是，由项目管理者确定将项目实施过程中最应杜绝发生的风险事故作为故障树分析的目标，这个目标可以是一个也可以是多个，称为顶端事件；再通过分析，讨论导致这些顶端事件发生的原因，这些原因事件称为中间事件；再进一步寻找导致这些中间事件发生的原因，仍称为中间事件，直至进一步寻找变得不再可行或者成本效益值太低为止，此时得到的最低水平事件称为原始事件。

故障树分析法遵循由结果找原因的原则，将项目风险可能的结果由果及因，按树状逐级细化至原发事件，通过分析在前期预测和识别各种潜在风险因素的基础上，找到项目风险的因果关系，沿着风险产生的树状结构，运用逻辑推理的方法，求出发生风险的概率，提供风险因素的应对方案。

由于故障树分析法由上而下，由果及因，一果多因地构建项目风险管理的体系，在实践中通常采用符号及指向线段来构图表示，构成的图形与树一样，由高到低越分越多，故称故障树。

第三节 建筑工程施工的风险分析与评估

一、风险分析与评估的内涵

（一）风险分析的内涵

风险分析是以单个的风险因素为主要对象，具体阐述如下。

第一，基于对项目活动的时间、空间、地点等存在风险的确定，采用量化的方法进行风险因素识别，对风险实际发生的概率进行估算；第二，对风险后果进行估计之后，对各风险因素的大小及影响程度与顺序进行确定；第三，确认风险出现的时间与影响范围。

风险分析指的是通过各种量化指标形成风险清单，并帮助风险控制解决路线与解决方案得以明确的整个过程。主要是采用量化分析，并同时要对可能增加或减少的潜在风险进行充分考虑的方法来确定个别风险因素及其影响，并实现对于尺度和方法进行选定，以确定风险的后果。风险因素的发生概率估计分为主观估计与客观估计。客观估计一般主要是参考历史数据资料，而主观风险估计则主要以人的经验与判断力为依托。通常情况下，风险分析必须同步进行主观与客观风险估计。这是我们并不能完全了建设项目的进展情况，同时由于不断引入的新技术与新材料，加强建设项目进程的客观影响因素的复杂性，原有数据的更新不断加快，导致参考价值丧失。由此可见，针对一些特殊的情况，主观的风险估计作用相对会更重要。

（二）风险评估的内涵

对各种风险事件的后果进行评估，并基于此对不同风险严重程度的顺序进行确定，这就是风险评估。在风险评估中，各种风险因素对项目总体目标的影响的考虑与分析具有十分重要的意义，以此才能够使风险的应对措施得以确定，当然风险评估必然会产生一定的费用，因此需要对风险成本的效益进行综合考虑。在进行分析与评估时，管理人员应对决策者决策可能带来的所有影响进行细致的研究与分析，并自行对风险结果进行预测，然后与决策者决策进行比较，对决策者是否接受这些预测进行合理判断。由于风险的不同其可接受程度与危害性必然也存在一定的差异，因此，一旦产生了风险，就必须对其性质进行详细分析，并采取应对的措施。风险评估的方法主要分为两种，即定量评估与定性评估，在风险评估的过程中，还应针对风险损失的防止、减少、转移以及消除制订初步方案，并在风险管理阶段对这些方案进行深入的分析，选择最合理的方法。在实践中，风险识别、风险分析与风险评估具有十分密切的联系，通常情况下，三者具有重叠性，其在实施过程中需要交替反复。

（三）风险分析与评估之间的关系

风险分析主要用于对单一风险因素的衡量，并且是以风险评估为分析的基础。比如对风险发生的概率、影响的范围以及损失的大小进行估计；而多种风险因素对项目指标影响的分析则是属于风险评估。在风险管理的过程中，风险分析与评估既有密切的联系，又有一定的区别。从某种意义上来讲是难以严格区分风险评估与风险分析的界限，因此在对某些方法的应用方面还是具有一定的互通性。

二、风险分析与评估的目的

风险分析与评估的作用是对单一风险因素发生的概率加以确定。为实现量化的目的，会对主观或者客观的方法加以应用；对各种可能的因素风险结果进行分析，对这些风险使项目目标受影响的程度进行研究；针对单一的风险因素进行量化分析，对多种风险因素对项目目标的综合影响进行分析与考虑，对风险程度进行评估，然后提出相应的措施以支持管理决策。

三、风险分析与评估的方法

（一）风险量化法

风险分析活动是基于风险事件所发生概率与概率分布而进行的。因此，风险分析首先就要确定风险事件概率与概率分布的情况。

风险量是指不确定的损失程度和损失本身所发生的概率。对于某个可能发生的风险，其所遭受的损失程度、概率与风险量成正比关系。可由以下的公式来表达风险量：

$$R=F（O，P，L）$$

式中 R 表示某个风险事件的发生对管理目标的影响程度；表示受该风险因素影响的风险后果集；P 表示风险结果的概率集；L 表示对风险的认识和感受，对风险的态度。以上三个因子也可用其他特征函数来进行表达，O=f(信息可信度，技术水准，分析者的经验值等)，PH(信息可信度，信息来源，分析者的经验值等)，L=f(主观因素，激励措施，风险背景，经验值等)。

最简单的风险量化方法就是风险结果乘以其相应的概率值，从而能够得到项目风险损失的期望值，这在数理统计学中被称为均值。然而在风险大小的度量中采用均值仍然存在一定的缺陷，该方法对风险结果之间的差异或离散缺乏考虑，因此，应对风险结果之间的离散程度问题进行充分考虑，这种风险度量方法才具有合理性。根据统计学理论可得知，可以由方差解决风险结果之间离散程度量化的问题。

(二)LEC 法

在实际的建筑工程施工项目风险管理的过程中，LEC 方法的应用具有十分重要的意义，其本质就是风险量公式的变形，是应用概率论的重要方法。该方法用风险事件发生的概率、人员处于危险环境中的频繁程度和事故的后果三个自变量相乘，得出的结果被用来衡量安全风险事件的大小。其中 L 表示事故发生的概率，E 表示人员暴露于危险环境中的频繁程度，C 表示事故后果，则风险大小 S 可用下式描述：

$$S=L\times E\times C$$

LEC 的方法对 L、E、C 等三个变量都加以利用，因此称之为 LEC 方法。根据此方法来对危险源打分并分级，如此就实现了对建筑工程施工项目安全风险的详细分级，并且与实际情况相符合，也更容易进行安全风险排序，使大部分建筑工程施工项目安全风险管理的精细化管理要求得到满足。

（三）CPM 法

在施工项目中，对进度风险属于管理风险，也是主要的控制风险之一。

目前，施工项目进度的风险管理中，建筑施工企业以编制 CPM 网络进度计划的方法为主。这里主要有三种表示方法，即双代号网络、单代号网络以及双代号时标网络。这三种表示方法的相同点是：项目中各项活动的持续时间具有单一性与确定性，主要依靠专家判断、类比估算以及参数估算来确定活动持续的时间；该技术主要沿着项目进度路线采用两种分析方法，即正向分析与反向分析，进而使理论上所有计划活动的最早开始时间与结束时间、最迟开始时间与结束时间得以计算，并制定出相应的项目进度表，针对其中存在的风险采取相应的措施。

第四节　建筑工程施工风险的应对

一、风险应对的含义

风险应对就是对项目风险提出处置意见和办法。通过对项目风险识别、估计和评价，把项目风险发生的概率、损失严重程度以及其他因素综合起来考虑，就可得出项目发生各种风险的可能性及其危害度，再与公认的安全指标相比较，就可确定项目的危险等级，从而决定应采取什么样的措施以及控制措施应采取到什么程度。

二、风险应对的过程

作为建筑工程施工项目风险管理的一个有机组成部分，风险应对也是一种系统过程活动。

（1）风险应对过程目标

当风险应对过程满足下列目标时，就说明它是充分的。①进一步提炼工程项目风险背景；②为预见到的风险做好准备；③确定风险管理的成本效益；④制定风险应对的有效策略；⑤系统地管理工程项目风险。

（3）风险应对过程活动

风险应对过程活动是指执行风险行动计划，以求将风险降至到可接受程度所需完成的任务，一般有以下几项内容：①进一步确认风险影响；②制定风险应对策略措施；③研究风险应对技巧和工具；④执行风险行动计划；⑤提出风险防范和监控建议。

三、风险应对计划的编制

（一）计划编制依据

风险应对计划的编制必须要充分考虑风险的严重性、应对风险所花费用的有效性、采取措施的适时性以及和建设项目环境的适应性等。一般来讲，针对某一风险通常需要先制定几个备选的应对策略，然后从中选择一个最优的方案，或者进行组合使用，建设项目风险应对计划编制的依据主要有以下内容。

1. 风险管理计划

风险管理计划是规划和设计如何进行建筑工程施工项目风险管理的文件。该文件详细地说明风险识别、风险估计、风险评价和风险控制过程的所有方面以及风险管理方法、岗位划分和职责分工、风险管理费用预算等。

2. 风险清单及其排序

风险清单和风险排序是风险识别和风险估计的结果，记录了建筑工程施工项目大部分风险因素及其成因、风险事件发生的可能性、风险事件发生后对建筑工程施工项目的影响、风险重要性排序等。风险应对计划的制订不可能面面俱到，应该着重考虑重要的风险，而对于不重要的风险可以忽略。

3. 项目特性

建筑工程施工项目各方面特性决定风险应对计划的内容及其详细程度。如果该工程项目比较复杂，应用比较新的技术或面临非常严峻的外部环境，则需要制订出详细的风险应对计划；如果工程项目不复杂，有相似的工程项目数据可供借鉴，则风险应对计划可以相对简略一些。

4. 主体抗风险能力

主体抗风险能力可概括为两方面：一是决策者对风险的态度及其承受风险的心理能力；另一个是建筑工程施工项目参与方承受风险的客观能力，如建设单位的财力、施工单位的管理水平等。主体抗风险能力直接影响工程项目风险应对措施的选择，相同的风险环境、不同的项目主体或不同的决策者有时会选择截然不同的风险应对措施。

5. 可供选择的风险应对措施

对于具体风险，有哪些应对措施可供选择以及如何根据风险特性、建筑工程施工项目特点及相关外部环境特征选择出最有效的风险应对措施，是制订风险应对计划时要做的非常重要的工作。

（二）计划编制内容

建筑工程施工项目风险应对计划是在风险分析工作完成之后制订的详细计划，不同的项目，风险应对计划内容不同，但是，至少应当包含如下内容。

（1）所有风险来源的识别以及每一个来源中的风险因素。

（2）关键风险的识别以及关于这些风险对于实现项目目标所产生的影响说明。

（3）对于已识别出的关键风险因素的评估，包括从风险估计中摘录出来的发生概率以及潜在的破坏力。

（4）已经考虑过的风险应对方案及其代价。

（5）建议的风险应对策略，包括解决每一风险的实施计划。

（6）各单独应对计划的总体综合，以及分析过风险耦合作用可能性之后制订出的其他风险应对计划。

（7）项目风险形势估计、风险管理计划和风险应对计划三者进行综合之后的总策略。

（8）实施应对策略所需资源的分配，包括关于费用、时间进度及技术考虑的说明。

（9）风险管理的组织及其责任，是指在建筑工程施工项目中确定的风险管理组织，以及负责实施风险应对策略的人员和职责。

（10）开始实施风险管理的日期、时间安排和关键的里程碑。

（11）成功的标准，即何时可以认为风险已被规避，以及待使用的监控办法。

（12）跟踪、决策以及反馈的时间，包括不断修改、更新需优先考虑的风险一览表计划和各自的结果。

（13）应急计划。应急计划就是预先计划好的，一旦风险事件发生就付诸具体的行动步骤和应急措施。

（14）对应急行动和应急措施提出的要求。

（15）建筑工程施工项目执行组织高层领导对风险规避计划的认同和风险应对计划是整个建筑工程施工项目管理计划的一部分，其实施并无特殊之处。按照计划取得所需的资源，实施时要满足计划中确定的目标，先把工程项目不同的部门之间在取得所需资源时可能发生的冲突寻找出来，任何与原计划不同的决策都要记录在案。落实风险应对计划，行动要坚决，如果在执行过程中发现工程项目风险水平上升或未像预期的那样降下来，则须重新制订计划。

四、风险应对的方法

（一）风险减轻

1. 风险减轻的内涵

风险减轻，又称风险缓解或风险缓和，是指将建筑工程施工项目风险的发生概率或后果降低到某一可以接受的程度。风险减轻的具体方法和有效性在很大程度上依赖于风险是已知风险、可预测风险还是不可预测风险。

对于已知风险，风险管理者可以采取相应措施加以控制，可以动用项目现有资源降低风险的严重后果和风险发生的频率。例如，通过调整施工活动的逻辑关系，压缩关键路线上的工序持续时间或加班加点等来减轻建筑工程施工项目的进度风险。

可预测风险和不可预测风险是项目管理者很少或根本不能控制的风险，就有必要采取迂回的策略，包括将可预测和不可预测的风险变成已知风险，把将来风险“移”到现在来。例如，将地震区待建的高层建筑模型放到震台上进行强震模拟试验就可增加地震风险发生的概率；为减少引进设备在运营时的风险，可以通过详细的考察论证、选派人员参加培训、精心安装、科学调试等来降低其不确定性。

在实施风险减轻策略时，最好将建筑工程施工项目每一个具体“风险”都减轻到可接受水平。各具体风险水平降低了，建设项目整体风险水平在一定程度上也就降低了，项目成功的概率就会增加。

2. 风险减轻的方法

在制定风险减轻措施时必须依据风险特性，尽可能将建设项目的风险降低到可接受水平，常见的途径有以下几种。

（1）减少风险发生的概率，通过各种措施降低风险发生的可能性，是风险减轻策略的重要途径，通常表现为一种事前行为。例如，施工管理人员通过加强安全教育和强化安全措施，来减少事故发生的概率；承包商通过加强质量控制，降低工程质量不合格或由质量事故引起的工程返工的可能性。

（2）减少风险造成的损失

减少风险造成的损失是指在风险损失不可避免要发生的情况下，通过各种措施以遏制损失继续扩大或限制其扩展的范围。例如，当工程延期时，可以调整施工组织工序或增加工程所需资源进行赶工；当工程质量事故发生时，采取结构加固、局部补强等技术措施来进行补救。

（3）分散风险

分散风险是指通过增加风险承担者来达到减轻总体风险压力为目的的措施，例如，联合体投标就是一种典型的分散风险的措施。该投标方式是针对大型工程，由多家实力雄厚的公司组成一个投标联合体，发挥各承包商的优势，增强整体的竞争力。如果投标失败，则造成的损失由联合体各成员共同承担；如有中标了，则在建设过程中的各项政治风险、经济风险、技术风险也同样由联合体共同承担，并且，由于各承包商的优势不同，很可能有些风险会被某些承包商利用并转化为发展的机会。

（4）分离风险

分离风险是指将各风险单位分离间隔，避免发生连锁反应或相互牵连，例如，在施工过程中，将易燃材料进行分开存放，避免出现火灾时其他材料遭受损失的可能。

（二）风险预防

1. 风险预防的内涵

风险预防是指采取技术措施预防风险事件的发生，是一种主动的风险管理策略，常分为有形和无形两种手段。

2. 风险预防的方法

（1）有形手段

工程法是一种有形手段，是指在工程建设过程中，结合具体的工程特性采取一定的工程技术手段，避免潜在的风险事件发生。例如，为了防止山区区段山体滑坡危害高速公路过往车辆和公路自身，可采用岩锚技术锚固松动的山体，增加因开挖而破坏了的山体稳定性。

用工程法规避风险具体有下列多种措施。

①防止风险因素出现

在建筑工程施工项目实施或开始活动前，采取必要的工程技术措施，避免风险因素的发生，例如，在基坑开挖的施工现场周围设置栅栏，洞口临边设防护栏或盖板，警戒行人或者车辆不要从此处通过，防止发生安全事故。

②消除已经存在的风险因素

施工现场若发现各种用电机械和设备日益增多，要及时果断地换用大容量变压器就可以降低其烧毁的风险。

③将风险因素同人、财、物在时间和空间上隔离

风险事件引起风险损失的原因在于某一时间内，人、财、物或者他们的组合在其破坏力作用的范围之内，因此，将人、财、物与风险源在空间上隔开，并避开风险发生的时间，这样可有效地规避损失和伤亡，例如，移走动火作业附近的易燃物品，并安放灭火器，避免潜在的安全隐患发生。

工程法的特点：一是每种措施总与具体的工程技术设施相联系，因此采用该方法规避风险成本较高；二是任何工程措施均是由人设计和实施的，人的素质在其中起决定作用；三是任何工程措施都有其局限性，并不是绝对的可靠或安全，因此，工程法要同其他措施结合起来利用，以达到最佳的规避风险效果。

（2）无形手段

无形手段包括教育法和程序法。

①教育法

教育法是指通过对建筑工程施工项目人员广泛开展教育，提高参与者的风险意识，使其认识到工作中可能面临的风险，了解并掌握处置风险的方法和技术，从而避免未来潜在工程风险的发生。建筑工程施工项目风险管理的实践表明，项目管理人员和操作人员的行为不当是引起风险的重要因素之一，因此，要防止与不当行为有关的风险，就必须对有关人员进行风险和进行风险管理教育。教育内容应该包含有关安全、投资、城市规划、土地管理及其他方面的法规、规范、标准和操作规程、风险知识、安全技能等。

②程序法

程序法是指通过具体的规章制度来制定标准化的工作程序，对建筑工程施工项目活动进行规范化管理，尽可能避免风险发生和造成的损失。例如，我国长期坚持的基本建设程序，反映了固定资产投资活动的基本规律。实践表明，若不按此程序办事，就会犯错误，就要造成浪费和损失。所以要从战略上减轻建筑工程施工项目的风险，就必须遵循基本建设程序。再如，塔吊操作人员需持证上岗并严格按照操作规程进行工作。

预防策略还可在建筑工程施工项目的组成结构上下功夫，例如，增加可供选用的行动方案数目，为不能停顿的施工作业准备备用的施工设备等。此外，合理地设计项目组织形式也能有效预防风险，例如，项目发起单位在财力、经验、技术、管理、人力或其他资源方面无力完成项目时，可以同其他单位组成合营体，预防自身不能克服的风险，

使用预防策略时需要注意的是，在建筑工程施工项目的组成结构或组织中加入多余的部分，同时也增加了项目或项目组织的复杂性，提高了项目成本，进而增加了风险。

（三）风险转移

1. 风险转移的内涵

风险转移，又称为合伙分担风险，是指在不降低风险水平的情况下，将风险转移

至参与该项目的其他人或其他组织中。风险转移是建设项目管理中广泛应用的风险应对方法，其目的不是降低风险发生的概率和减轻不利后果，而是通过合同或协议，在风险事故一旦发生时将损失的一部分转移到有能力承受或控制项目风险的个人或组织。

2. 风险转移的方法

风险转移通常有两种途径：一种是保险转移，即借助第三方——保险公司来转移风险。该途径需要花费一定的费用将风险转移给保险公司，当风险发生时获得保险公司的补偿。同其他风险规避策略相比，工程保险转移风险效率是最高的。第二种风险转移的途径是非保险转移，是通过转移方和被转移方签订协议进行风险转移的。建设项目风险常见的非保险转移包括出售、合同条款、担保和分包等方法。

（1）出售

该方法是指通过买卖契约将风险转移给其他单位，因此，卖方在出售项目所有权的同时也就把与之有关的风险转移给了买方。例如，项目可以通过发行股票或债券筹集资金。股票或债券的认购者在取得项目的一部分所有权时，也同时承担了一部分的项目风险。

（2）合同条款

合同条款是建设项目风险管理实践中采用较多的风险转移方式之一。这种转移风险的实质是利用合同条约来开脱责任，在合同中列入开脱责任条款，要求对方在风险事故发生时，不要求自身承担责任。例如，在国际咨询工程师联合会的土木工程施工合同条件中有这样的规定：“24.1 除非死亡或受伤是由于业主及其代理人或雇员的任何行为或过失造成的，业主对承包商或任何分包商雇佣的任何工人或其他人员损害赔偿或补偿支付不承担责任……”，这一条款的实质是将施工中的安全风险完全转移给了承包商。

（3）担保

担保是指为他人的债务、违约或失误负间接责任的一种承诺。在建设项目管理上是指银行、保险公司或其他非银行金融机构为项目风险负间接责任的一种承诺。当然，为了取得这种承诺，承包商要付出一定的代价，但这种代价最终要由项目业主来承担。在得到这种承诺后，当项目出现风险时就可以直接向提供担保的银行、保险公司或其他非金融机构获得赔偿。

目前，我国工程建设领域实施的担保内容主要包括：承包商需要提供的投标担保、履约担保、预付款担保和保修担保，业主需要提供的支付担保以及承包商和业主都应进一步向担保人提供反担保。其中，支付担保是我国特有的一种担保形式，是针对当前业主拖欠工程款现象而设置的，当业主不履行支付义务时，则由保证人承担支付责任。

（4）分包

分包是指在工程建设过程中，从事工程总承包的单位将所承包的建设工程的一部分依法发送给具有相应资质的承包单位的行为，该总承包人并不退出承包关系，其与分包商就其所完成的工作成果向发包人承担连带责任。

建设工程分包是社会化大生产条件下专业化分工的必然结果。例如，我国三峡水利项目，投资规模巨大，包括土建工程、建筑安装工程、大型机电设备工程、大坝安全检测工程等许多专业工程。任何一家建筑公司都不可能独自承揽这么大的项目，因此有必要选择分包单位进行分包。

（四）风险回避

1. 风险回避的内涵

风险回避是指当建筑工程施工项目风险潜在威胁发生可能性太大，不利后果也太严重，又无其他策略可用时，主动放弃项目或改变工程项目目标与行动方案，从而规避风险的一种策略。

如果通过风险评价发现工程项目的实施将面临巨大的威胁，项目管理班又没有别的办法去控制风险，甚至保险公司亦认为风险太大，拒绝承包，这时就应该考虑放弃建筑工程施工项目的实施，避免巨大的人员伤亡和财产损失。

2. 风险回避的方法

回避风险是一种最彻底地消除风险影响的策略，风险回避采用终止法是指通过放弃、终止或转让项目来回避潜在风险的发生。

（1）放弃项目

在建筑工程施工项目开始实施前，如果发现存在较大的潜在风险，且不能采用其他策略规避该风险时，则决策者就需要考虑放弃项目。例如，某大型建筑施工企业拟投标某国际工程，经调查研究发现，该工程所在国家政治风险过大，因此主动拒绝了该建设项目业主的招标邀请。

（2）中止项目

在建筑工程施工项目的实施过程中，如果预见到自身无法承担的风险事件将发生，决策者就应立即停止该项目的实施。例如，在国际工程施工过程中，若发现该国出现频繁的罢工、动乱，社会治安越来越差的情况下，应立即停止在该国的施工项目，从而避免由此引起的人员和财产的损失。

（3）转让项目

当企业战略有重大调整或出现其他重大事件影响建筑工程施工项目实施时，单纯地放弃或中止项目将会造成巨大损失，因此，需要考虑采取转让项目的方式规避损失。另外，不同的企业有不同的优势，对于自身是重大的风险可能对其他企业来说却不是，因此，在面临可能带来巨大损失的风险事件时，应考虑转让工程项目的策略。

（五）风险自留

1. 风险自留的内涵

风险自留是指建筑工程施工项目主体有意识地选择自己承担风险后果的一种风险应对策略。风险自留是一种风险财务技术，项目主体明知可能会发生风险，但在权衡了其他风险应对策略后，出于经济性和可行性考虑，仍将风险自留，若风险损失真的出现，则依靠项目主体自己的财力去弥补。

风险自留分主动风险自留和被动风险自留两种。主动风险自留是指在风险管理规划阶段已经对风险有了清楚的认识和准备，主动决定自己承担风险损失的行为。被动风险自留是指项目主体在没有充分识别风险及其损失，且没有考虑到其他风险应对策略的条件下，不得不自己承担损失后果的风险应对方式。

2. 风险自留的方法

当项目主体决定采取风险自留后，需要对风险事件提前做一些准备，这些准备称为风险后备措施，主要包括费用、进度和技术三种措施。

（1）费用后备措施

费用后备措施主要是指预算应急费，是事先准备好用于补偿差错、疏漏及其他不确定性对建筑工程施工项目费用估计产生不精确影响的一笔资金。

预算应急费在建筑工程施工项目预算中要单独列出，不能分散到具体费用项目下，否则，建设项目管理班子就会失去对这笔费用的控制。另外，预算人员也不能因为心中没有数而在各个具体费用项目下盲目地进行资金的预留，否则会导致预算估价过高而失去中标的机会或使不合理的预留以合法的名义白白花出去。

预算应急费一般分为实施应急费和经济应急费两种。实施应急费用于补偿估价和实施过程中的不确定性，可进一步分为估价质量应急费和调整应急费。估价质量应急费主要用于弥补建设项目目标不明确、工作分解结构不完全和不确切、估算人员缺乏经验和知识、估算和计算有误差等造成的影响；调整应急费主要用于支付调整期间的各项开支，如系统调试、更换零部件、零部件的组装和返工等。经济应急费用对于应对通货膨胀和价格波动，分为价格保护应急费和涨价应急费。价格保护应急费用补偿估算项目费用期间询价中隐量的通货膨胀因素；涨价应急费是在通货膨胀严重或价格波动厉害时期，供应单位无法或不愿意为未来的订货报固定价时所预留的资金。价格保护应急费和涨价应急费需要一项一项地分别进行计算，不能作为一笔总金额一起加在建设项目估算上，因为各种不同货物的价格变化规律不同，不是所有的货物都会涨价。

（2）进度后备措施

对于建筑工程施工项目进度方面的不确定因素，项目各方一般不希望以延长时间的方式来解决。因此，项目管理班子就要设法制订一个较紧凑的进度计划，争取在项目各方要求完成的日期之前完成项目。从网络计划的观点来看，进度后备措施就是通过压缩关键路线各工序时间，以便设置一段时间或者浮动时间，即后备时差。

压缩关键路线各工序时间有两大类办法：减少工序（活动）时间或改变工序间的逻辑关系。一般来说，这两种方法都要增加资源的投入，甚至会带来新的风险，因此，应用时需要仔细斟酌。

（3）技术后备措施

技术后备措施专门用于应付项目的技术风险，是一段预先准备好了的时间或资金。一致来说，技术后备措施用上的可能性很小，只有当不大可能发生的事件发生时，需要采取补救行动时，才动用技术后备措施。技术后备措施分两种情况：技术应急费和技术后备时间。

①技术应急费。对于项目经理来说，最好在项目预算中准备足够的资金以备不时之需。但是，项目执行组织高层领导却不愿意为不大可能用得上的措施投入资金。由于采取补救行动的可能性不大，所以技术应急费应当以预计的补救行动费用与它发生的概率之积来进行计算。这时，项目经理就会遇到下列问题：如果项目始终不需要动用技术应急费，则项目经理手上就会多出这笔资金；但一旦发生技术风险，则需要动用技术后备措施时，这笔资金又不够。

解决的方法是：技术应急费不列入项目预算而是单独提出来，放到公司管理备用金账上，由项目执行组织高层领导控制。同时公司管理备用金账上还有从其他项目提取出的各种风险基金，这就好像是各个项目向公司缴纳的保险费。这样的做法好处：一是公司领导高层可以由此全面了解全公司各项目班子总共承担了多大风险；二是一旦真出现了技术风险，公司高层领导很容易批准动用这笔从各项目集中上来的资金；三是可以避免技术应急费被挪作他用。

②技术应急时间

为了应对技术风险造成的进度拖延，应该事先准备好一段备用时间。不过，确定备用时间要比确定技术应急费复杂。一般的做法是在进度计划中专设一个里程碑，提醒项目管理班子：此处应当留意技术风险。

（六）风险利用

1. 风险利用的内涵

应对风险不仅只是回避、转移、预防、减轻风险，而更高一个层次的应对措施是风险利用。

根据风险定义可知，风险是一种消极的、潜在的不利后果，同时也是一种获利的机会。也就是说，并不是所有类型的风险都会带来损失，而是其中有些风险只要正确处置是可被利用并产生额外收益的，这就是所谓的风险利用。

风险利用仅对投机风险而言，原则上投机风险大部分有被利用的可能，但并不是轻易就能取得成功，因为投机风险具有两面性，有时利大于弊，有时相反。风险利用就是促进风险向有利的方向发展。

当考虑是否利用某投机风险时，首先应分析该风险利用的可能性和利用的价值；其次，必须对利用该风险所需付出的代价进行分析，在此基础上客观地检查和评估自身承受风险的能力。如果得失相当或得不偿失，则就没有承担的意义。或者效益虽然很大，但风险损失超过自己的承受能力，也不宜硬性承担。

2. 风险利用的策略

当决定采取风险利用策略后，风险管理人员应制定相应的具体措施和行动方案。既要充分利用、扩大战果的方案，又要考虑退却时的部署，毕竟投机风险具有两面性。在实施期间，不可掉以轻心，应密切监控风险的变化，若出现问题，则要及时采取转移或缓解等措施；若出现机遇，要当机立断，扩大战果。

在风险利用过程中，需要量力而行。承担风险要有实力，而利用风险则对实力有更高的要求，而且还要有驾驭风险的能力，即要具有将风险转化为机会或利用风险创造机会的能力，这是由风险利用的目的所决定的。

第五节　建筑工程施工的风险监控

一、风险监控的含义

风险监控就是通过对风险规划、识别、估计、评价、应对等全过程的监视和控制，从而保证风险管理能达到预期的目标，它是建筑工程施工项目实施过程中的一项重要工作。监控风险实际上是监视工程项目的进展和项目环境，即工程项目情况的变化，其目的是核对风险管理策略和措施的实际效果是否与预见的相同；寻找机会改善和细化风险规避计划，获取反馈信息，以便将来的决策能更符合实际。

建筑工程施工建筑工程项目风险监控是建立在工程项目风险的阶段性、渐进性和可控性基础之上的一种项目管理工作。在风险监控过程中，及时发现那些新出现的以及预先制定的策略或措施不见效或性质随着时间的推延而发生变化的风险，然后及时进行反馈，并根据对项目的影响程度，重新进行风险规划、识别、估计、评价和应对，同时还应对每一风险事件制定成败标准和判据。

二、风险监控的方法

通过项目风险监视，不但可以把握建筑工程施工项目风险的现状，而且还可以了解到建筑工程施工项目风险应对措施的实施效果、有效性以及出现了哪些新的风险事件。在风险监视的基础上，则应针对发现的问题，及时采取措施。这些措施包括：权变措施、纠正措施以及提出项目变更申请或建议等。并对工程项目风险重新进行评估，对风险应对计划作重新调整。

（一）权变措施

风险控制的权变措施，即未事先计划或考虑到的应对风险的措施工程项目是一开放性系统，建设环境较为复杂，有许多风险因素在风险计划时考虑不到的，或者对其没有充分的认识。因此，对其的应对措施可能会考虑不足，或者事先根本就没有考虑。而在风险监控时才发现了某些风险的严重性甚至是一些新的风险。若在风险监控中面对这种情况，就要求能随机应变，提出应急应对措施。对这些措施必须有效地做好记录，并纳入到项目和风险应对计划之中。

（二）纠正措施

纠正措施就是使建筑工程施工项目未来预计绩效与原定计划一致所做的变更。借助于风险监视的方法，或发现被监视建筑工程施工项目风险的发展变化，或是否出现了新的风险。若监视结果显示，工程项目风险的变化在按预期方向发展，风险应对计划也在正常执行，这表明风险计划和应对措施均在有效地发挥作用。若一旦发现工程项目列入控制的风险在进一步发展或出现了新的风险，则应对项目风险作深入分析的评估，并在找出引发风险事件影响因素的基础上，及时采取纠正措施（包括实施应急计划和附加应急计划）。

（三）项目变更申请

项目变更请求，如提出改变建筑工程施工工程项目的范围、改变工程设计、改变实施方案、改变项目环境、改变工程费用和进度安排的申请。一般而言，如果频繁执行应急计划或权变措施，则需要对工程项目计划进行变更以应对项目风险。

在建筑工程项目施工阶段，在合同的环境下，项目变更，也称工程变更。无论是业主、监理单位、设计单位，还是承包商，认为原设计图纸、技术规范、施工条件、施工方案等方面不适应项目目标的实现，或可能会出现风险，均可向监理工程师提出变更要求或建议，但该申请或建议一般要求是书面的。工程变更申请书或建议书包括以下主要内容：①变更的原因及依据；②变更的内容及范围；③变更引起的合同价的增加或减少：④变更引起的合同期的提前或延长；⑤为审查所必须提交的附图及其计算资料等。

对工程变更申请一般由监理工程师组织审查。监理工程师负责对工程变更申请书或建议书进行审查时，应与业主、设计单位、承包商充分协商，对变更项目的单价和总价进行估算，分析因变更引起的该项工程费用增加或减少的数额，以及分析工程变更实施后对控制项目的纯风险所产生的效果。工程变更一般应遵循的原则有：

（1）工程变更的必要性与合理性；

（2）变更后不降低工程的质量标准，不影响工程竣工验收后的运行与管理；

（3）工程变更在技术上必须可行、可靠；

（4）工程变更的费用及工期是经济合理的；

（5）工程变更尽可能不对后续施工在工期和施工条件上产生不良影响。

（四）风险应对计划更新

风险是一个随机事件，可能发生，也可能不发生；风险发生后的损失可能不太严重，比预期的要小，也可能损失较严重，比预期的要大。通过风险监视和采取应对措施，可能会减少一些已识别风险的出现概率和后果。因此，在风险监控的基础上，有必要对项目的各种风险重新进行评估，将项目风险的次序重新进行排列，对风险的应对计划也进行相应更新，以使新的和重要风险能得到有效的控制。

三、风险监控的过程

作为项目风险管理的一个有机组成部分，建筑工程项目风险监控也是一种系统过程活动。项目风险监督与控制中各具体步骤的内容与做法分别说明如下：

（1）建立项目风险事件监督与控制体制

这是指在建筑工程施工项目开始之前要根据项目风险识别和度量报告所给出的项目风险信息，制定出整个项目风险监督与控制的大政方针、项目风险监督与控制的程序以及项目风险监督与控制的管理体制，这包括项目风险责任制、项目风险信息报告制、项目风险控制决策制、项目风险控制的沟通程序等。

（2）确定要控制的具体项目风险

这一步是根据建筑工程施工项目风险识别与度量报告所列出的各种具体项目风险确定出对哪些项目风险进行监督和控制，对哪些项目风险采取容忍措施并放弃对它们的监督与控制。通常需要按照具体项目风险和项目风险后果的严重程度，以及项目风险发生概率和项目组织的风险控制资源等情况来确定。

（3）确定项目风险的监督与控制责任

这是分配和落实项目具体风险监督与控制责任的工作。所有需要监督与控制的项目风险都必须落实有具体负责监督与控制的人员，同时要规定好他们所负的具体责任。对于项目风险控制工作必须要由专人负责，不能多人进行负责，也不能由不合适的人去担负风险事件监督与控制的责任，因为这些都会造成大量的时间与资金的浪费。

（4）确定项目风险监督与控制的行动时间

这是指对建筑工程施工项目风险的监督与控制要制订相应的时间计划和安排，计划和规定出解决项目风险问题的时间表与时间限制。因为没有时间安排与限制，多数项目风险问题是不能有效地加以控制的。许多由于项目风险失控所造成的损失都是因为错过了项目风险监督与控制的时机而造成的，所以必须制订严格的项目风险控制时间计划。

（5）制订各具体项目风险的监督与控制方案

这一步由负责具体项目风险控制的人员，根据建筑工程施工项目风险的特性和时间计划制订出各具体项目风险的控制方案。在这一步骤中要找出能够控制项风险的各种备选方案，然后要对方案作必要的可行性分析，以验证各项目风险控制备选方案的效果，最终选定要采用的风险控制方案或备用方案，另外还要针对风险的不同阶段制订不同阶段使用的风险控制方案。

（6）实施具体的项目风险监督与控制方案

这一步是要按照选定的具体建筑工程施工项目风险控制方案开展项目风险控制的，必须根据项目风险的发展与变化不断地修订项目风险控制方案与办法。对于某些项目风险而言，风险控制方案的制订与实施几乎是同时的。例如，设计制定一条新的关键路径并计划安排各种资源去防止和解决工程项目拖延问题的方案就是如此。

（7）跟踪具体项目风险的控制结果

这一步的目的是要收集风险事件控制工作的信息并给出反馈，即利用跟踪去确认所采取的项目风险控制活动是否有效，建筑工程施工项目风险的发展是否有新的变化等。这样就可以不断地提供反馈信息，从而指导项目风险控制方案的具体实施。这一步是与实施具体项目风险控制方案同步进行的。通过跟踪给出项目风险控制工作信息，再根据这些信息去改进具体项目风险控制方案及其实施工作，直到对风险事件的控制完结为止。

（8）判断项目风险是否已经消除

如果认定某个项目风险已经解除，则该具体项目风险的控制作业就已经完成了。若判断该项目风险仍未解除，就需要重新进行项目风险识别。这需要重新使用项目风险识别的方法对项目具体活动的风险进行新一轮的识别，然后重新按本方法的全过程开展下一步的项目风险控制作业。

四、风险监控的方法

（一）挣值分析法

挣值分析法又称为赢得值法或费用偏差分析法。该方法是建筑工程施工项目实施中使用较多的一种方法，是对工程项目进度和费用进行综合控制的一种有效方法。

挣值分析法的核心是将项目在任一时间的计划指标、完成状况和资源耗费进行综合度量。将进度转化为货币或人工时，工程量如：钢材吨数、水泥立方米、管道米数或文件页数。

挣值分析法的价值在于将项目的进度和费用综合度量，从而准确描述工程项目的进展状态。挣值分析法的另一个重要优点是可以预测工程项目可能发生的工期滞后量和费用超支量，从而及时采取纠正措施，为建筑工程施工项目管理和控制提供有效手段。

挣值分析法的基本参数有三个，主要有以下内容。

（1）预算费用，计算公式为 BCWS= 计划工作量 × 预算定额。BCWS 主要是反映进度计划应当完成的工作量（用费用表示）。BCWS 是与时间相联系的，当考虑资金累计曲线时，是在项目预算 S 曲线上的某一点的值。当考虑某一项作业或某一时间段时，例如某一月份，BCWS 是该作业或该月份包含作业的预算费用。

（2）已完成工作量的实际费用（ACWP，Actual Cost for Work Per formed）。ACWP 是指项目在实施过程中某阶段实际完成的工作量所消耗的费用，主要反映项目执行的实际消耗指标。

（3）已完工作量的预算成本（BCWP，Budgeted Cost for work Performed），或称挣值、盈值和挣得值。BCWP 是指项目实施过程中某阶段按实际完成工作量及按预算定额计算出来的费用，即挣得值。

BCWP 的计算公式为：BCWP= 已完工作量 × 预算定额。BCWP 的实质内容是将已完成的工作量用预算费用来度量。

差值 BCWP-ACWP 叫作费用偏差，BCWP-ACWP 大于 0 时，表示项目未超支；差值 BCWP-BCWS 叫作进度偏差，BCWP-BCWS 大于 0 时，表示项目进度提前。

（二）审核检查法

审核检查法是一种传统的控制方法，该方法可用于建筑工程施工项目的全过程，从项目建议书开始，直至项目结束。项目建议书、项目产品或服务的技术规格要求、项目的招标文件、设计文件、实施计划、必要的试验等都需要审核。审核时要查出错误、疏漏、不准确、前后矛盾、不一致之处。审核还会发现以前他人未注意的或未考虑到的问题。审核多在项目进展到一定阶段时，以会议形式进行。

检查是在建筑工程施工项目实施过程中进行，检查是为了把各方面的反馈意见及时通知有关人员，一般以完成的工作成果为研究对象，包括项目的设计文件、实施计划、试验计划、试验结果、正在施工的工程、运到现场的材料、设备等。

（三）其他方法

1. 定期评估

风险等级和优先级可能会随着建筑工程施工项目生命周期而发生变化，而风险的变化有必要进行新的评估和量化，因此，项目风险评估应该定期进行。

2. 技术度量

技术因素度量指的是在建筑工程施工项目执行过程中的技术完成情况与原定项目计划进度的差异。如果有偏差，比如没有达到某一阶段规定的要求，则可能意味着在完成项目预期目标上有一定风险。

3. 附加应对计划

如果该风险事先未曾预测到，或其后果比事先预期的严重，则事先计划好的应对措施可能不足以应对，因而需要重新研究好应对措施。

4. 独立风险分析，

采用专门的风险管理机构，该机构来自建设项目管理团队之外，可能对项目风险的评估更独立、更公正。

第三章　工程施工项目风险评价技术

风险评价是建筑工程施工项目风险管理中的重要环节，在风险评价环节下，能够通过一定的评价方法对建筑工程施工项目中存在的风险进行计算，并将计算的结果与既定的风险评价标准进行比较，从而确定建筑工程施工项目的风险水平。风险评价是建筑工程施工项目风险管理依据，能够使项目管理者对项目风险有一个全面的认识，并根据风险评价等级，做出针对性的风险管理。

第一节　工程项目施工风险评价的理论研究

一、风险评价的内涵

建筑工程施工项目风险评价是工程项目风险分析的最终目的，是项目风险管理最为重要的一步，它是通过使用某些评价方法将计算出来的建筑工程施工项目风险值与既定的风险评价标准进行比较，来确定其风险水平的过程。

（1）建筑工程施工项目风险评价不只是针对单个风险，还是针对项目整体风险水平，风险评价结果能够为风险管理者全面地认识该工程项目的风险形势提供依据，从而便于风险管理者制定出风险应对决策。

（2）建筑工程施工项目风险评价能够通过评价方法计算出各风险值，确定和区分出各风险因素的风险水平，并可以根据风险值大小将风险因素排序，使风险管理者在进行风险处理和风险监控时能够做到有的放矢、重点突出，能把有限的资源与精力投入到最需要解决的重大风险上来，从而使风险管理的效率得到极大的提高。

（3）建筑工程施工项目风险评价为风险处理和风险监控提供了依据。合理配置有限的风险管理资源需要有准确的风险评价值。全面而准确的风险评价能够实现以最小的风险管理成本获得最高的风险管理效益的目标。

二、风险评价的依据

在现代社会生活中，建筑工程施工项目风险评价的主要依据有以下内容。

（1）建筑工程施工项目风险管理规划设计方案。书面呈现建筑工程施工项目风险管理者对项目风险的整体规划。

（2）建筑工程施工项目风险识别后的书面整合报告。在该报告中涉及建筑工程施工项目风险识别过程，建筑工程施工项目风险分辨过程以及建筑工程施工项目风险评价过程，评价结果中明确建筑工程施工项目面临风险值的大小。

（3）建筑工程施工项目发展过程中涉及的具体情况。不一样类型的建筑工程施工项目拥有不一样的发展时期，进而建筑工程施工项目风险的可预测能力也不相同，比方说在建筑工程施工项目发展之初，建筑工程施工项目风险发生的频率不会很高，而伴随时间的推移，建筑工程施工项目发生风险的概率就会逐渐上升。所以，必须明确建筑工程施工项目进展状况，便于重新确认各风险的影响程度和权重大小。

（4）建筑工程施工项目风险类型。不同类型的建筑工程施工项目承受的不确定性的风险也不同，通常情况下，一般的建筑工程施工项目或者反复运作的建筑工程施工项目承载的风险不会太高，而对先进技术要求程度比较高的或者作用程序相对烦琐的建筑工程施工项目承载的风险不会太低。

（5）建筑工程施工项目调查和收集到的数据的原始可靠和真实。数据的来源必须可靠，不管是来源于历史经验还是专家经验判断，都必须保证风险评价数据或者信息的准确性和可靠性，这样方能保证风险评价的准确性和有效性。

三、风险评价的过程

建设项目风险评价，一般可按下列步骤进行。

（1）确定项目风险评价标准。建设项目风险评价标准就是建筑工程施工项目主体针对不同的项目风险确定可以接受的风险率。一般而言，对单个风险事件和建筑工程施工项目整体风险均要确定评价标准，可分别称为单个评价标准和整体评价标准。

（2）确定评价时的建筑工程施工项目风险水平。其包括单个风险水平和整体风险水平。建筑工程施工项目整体风险水平是综合了所有风险事件之后确定的。确定建筑工程施工，项目整体风险水平后，总是要和建筑工程施工项目的整体评价标准相比较。因此，整体风险水平的确定方法要和整体评价标准确定的原则和方法相适应，否则两者就缺乏可比性。

（3）比较，即将建筑工程施工项目单个风险水平和单个评价标准、整体风险水平和整体评价标准进行比较，进而确定它们是否在可接受的范围内，或考虑采取什么样的风险措施。

在上述过程中，可采用定性与定量相结合的方法进行。一般来说，定量分析就是在占有比较完美的统计资料前提下，把损失概率、损失程度及其他因素综合起来考虑，找出其中有关联的规律性联系，作为分析预测的重要依据。但对于不是这样的场合以及环境变化较大的场合，需要用专家法或者其他方法进行修正。

四、风险评价的作用

在建筑工程施工项目管理中，项目风险评价是一项必不可少的环节，其作用主要表现在以下方面。

（1）通过风险评价，以确定风险大小的先后顺序。对建筑工程施工项目中各类风险进行评价，根据它们对项目目标的影响程度，包括风险出现的概率和后果，来确定它们的排序，为考虑风险控制先后顺序和风险控制措施提供依据。

（2）通过风险评价，确定各风险事件间的内在联系。建筑工程施工项目中各种各样的风险事件，乍看是互不相干的，但当进行详细分析后，便会发现某一些风险事件的风险源是相同的或有着密切的关联。例如，某建设项目由于使用了不合格的材料，承重结构强度严重达不到规定值，引发了不可预计的重大质量事故，造成了工期拖延、费用失控以及工程技术性能或质量达不到设计要求等多种后果。对这种情况，从表面上看，工程进度、费用和质量均出现了风险，但其根源只有一个，即材料质量控制不严格，在以后的管理中只要注意材料质量控制，就可以消除此类风险。

（3）通过风险评价，可进一步认识已估计的风险发生的概率和引起的损失，以降低风险估计过程中的不确定性。当发现原估计和现状出入较大，必要时可根据建设项目进展现状，再去重新估计风险发生的概率和可能的后果。

（4）风险评价是风险决策的基础。风险决策是指决策者在风险决策环境下，对若干备选行动方案，按照某种决策准则（该决策准则包括决策者的风险态度），选择最优或满意的决策方案的过程。因此，风险评价是风险决策的基础。

例如，承包商对建筑工程施工项目施工进行总承包，和分项施工承包相比，存在较多的不确定性，即具有较大的风险性，如对某些子项目没有施工经验。但如果承包商把握机会，将部分不熟悉的施工子项目分包给某一个有经验的专业施工队伍，对总包而言，这可能会获得更多的利润。当然还要注意到，原认为是机会的东西，在某些条件下也可能会转化为风险。

第二节 工程项目施工风险评价的指标

一、风险评价指标概述

评价指标就是评价因子。在评价过程中，人们要对被评价对象的各个方面或各个要素进行评价，而指向这些方面或要素的概念就是评价指标。施工风险评价指标一般包括四个构成要素。

（1）指标名称：指标名称是说明所反映施工风险因素特征的性质和内容。

（2）指标定义：指标定义是指标内容的操作性定义，是用于揭示施工风险评价指标的关键可变特征。

（3）标志：评价的结果通常表现为将某种行为、结果或特征划分到若干个级别之一。评价指标中用于区分各个级别的特征规定就是施工风险评价指标的标志。

（4）标度：标度用于对标志所规定的各个级别包含的范围做出规定，或者说，标度是用于揭示各级别之间差异的规定。

施工风险评价指标的标志和标度是一一对应的。标志和标度就好比一把尺子上的刻度和规定刻度的标准，因此，往往将二者统称为施工风险评价中的评价尺度。根据标志和标度的不同形式，评价尺度存在多种具体的表现形式。实际上，可以将标志理解为简化的标度。为了将评价工具统一化，人们在针对不同指标设计不同标度的基础上，规定统一的标志，以便于进行综合统计。在这种情况下，标志和标度是可以区分开来的。但是，当标度本身就较为简单时，标志和标度往往是合二为一。区分不同评价尺度的关键问题并不在于是否同时具有标志和标度，而是在于评价尺度以什么样的形式规定了评价所应依据的标准。

因此，将评价尺度分为下列四种。

（1）量词式的评价尺度。这种评价方式。尺度采用带有程度差异的名词、副词、形容词等词组来表示不同的等级水平。比如："好""较好""一般""较差""差"。

（2）等级式的评价尺度。这种评价尺度使用一些能够体现等级顺序的字词、字母或数字表示不同的评价等级。比如："优""良""中""差"。

（3）数量式的评价尺度。数量式的评价尺度是用具有量的意义的数字表示不同的等级水平。

（4）定义式的评价尺度。如果指标的评价尺度中规定了定义式的标度，就将这种评价指标的尺度称为定义式的评价尺度。

二、风险评价指标确定的原则

工程项目的风险评价指标体系，就是对工程项目中的风险因素进行识别，并将引起风险的复杂因素分解成比较简单的、容易被识别的基本单元，从错综复杂的关系中找出因素间的本质联系，构建成具有内在结构的有机整体。

科学合理的工程项目风险评价指标体系的构建能够有效地指导对工程项目的风险管理，对整个工程项目的实践活动的顺利进行十分重要，因此在科学合理地构建工程项目风险评价体系时，需要坚持以下原则。

（1）全面性、科学性原则

工程项目风险评价体系需要对整个工程项目的全部风险因素进行考虑。只有全面地考虑到整个工程项目的所有风险，才有可能做到对风险的全面防控，才有可能对工程项目的各项决策做出正确的判断。同时，在对评价指标的设计上，不单要全面，更要科学。科学的评价指标能够对风险管理提供有效的帮助，否则可能出现加重工作任务或是防控重点不突出等问题。科学合理地构建评价指标体系能够保障工程项目的顺利进行，并提高风险防控的效率。

（2）灵活性原则

工程项目具有唯一性的特点，由于各个项目的类型、状况存在差异等原因，对该工程项目进行评估的指标设置也是不一样的，所以在对工程项目进行风险指标体系构建时，不可照抄照搬，要以需要评价的工程项目为出发点，进行详细的分析验证，对项目风险评价指标体系设置要能够具体问题具体分析，因此建立一个合理的、具有灵活性的评价指标体系是十分复杂的过程。

（3）可操作性原则

可操作性可以从两个方面分析，首先在对风险评价指标体系的运用上，需要对整个工程项目实行，使得风险评价体系具有普遍性；其次在对评价指标的设置上要具有唯一性和可理解性，使得全体人员对指标的理解不发生偏差。如果评价指标设置简洁、明了、确定性很大，使得工程项目整个生命周期中，风险评价指标体系能够得到实际的运用，在全体人员在对风险评价上，都能够理解评价指标的含义，从而帮助风险评价的推广。

（4）逻辑性原则

评价指标体系是一个复杂的系统，它包括若干个子系统，所以要想在实践领域中推广应用，构建的指标体系就要具有条理清楚、层次分明、逻辑性强的特点并具有实际可操作性。这样，工作人员就能清楚地了解工程项目的优势所在，以及工程项目在哪方面还有薄弱环节或者欠缺，有利于项目的管理层及时准确地获知项目内部存在的不足，便于各项目之间横向的比较和取舍。

（5）定性、定量相结合原则

为了克服主观评价带来的不确定性和盲目性，指标体系应尽可能量化，考虑到专家的知识和经验，对那些不易量化、但意义重大的指标，也可以采用定性指标去进行描述，因此要综合考虑定性和定量评价的组合。

三、风险评价指标的构建

针对已经识别出的建筑工程施工项目风险因素，需要进一步进行分析与评价，从而了解建筑工程施工项目风险的准确情况和确切的根源，为建筑工程施工项目风险决策提供依据。在前期识别的基础上，对建筑工程施工项目风险的影响进行定量和定性的分析，从而找出关键风险因素，为企业处理风险提供依据，以保证正常的企业经营和项目的实施。

第三节　工程项目施工风险评价的方法

一、主观评分法

主观评分法就是由项目管理人员对项目运行过程中，每一阶段的每一风险因素，给予一个主观评分，然后分析项目是否可行的做法。这种分析方法更侧重于对项目风险的定性评价，它将项目中每一单个风险都赋予一个权值，例如从 0 到 10 之间的一个数。0 代表没有风险，10 代表风险最大；然后通过计算整个项目的风险并与风险基准进行比较来分析项目是否可行。另外，还可通过这种方法比较项目每一阶段或每种风险因素的相对风险大小程度。举例说明如下。

某项目要经过四个阶段，每个阶段的风险情况都已进行了分析，如表 3-1 所示，假定项目整体风险可接受的水平为 0.6，请分析项目是否可行，并通过比较项目各阶段的风险情况，说明项目在哪一阶段相对风险最大。

表 3–1　主观评分法应用举例

	费用风险	工期风险	质量风险	人员风险	技术风险	各阶段风险权值和	各阶段风险权重
概念阶段	5	6	3	4	4	22	0.22
开发阶段	3	7	—	5	6	26	0.26
实施阶段	4	9	7	6	6	32	0.32
收尾阶段	7	4	4	3	3	21	0.21
合计	19	26	19	18	19	101	1.01

表 3-1 中，横向上把项目每一阶段的五个风险权值加起来，纵向上把每种风险的权值加起来，无论是横向或纵向都可得到项目的风险总权值。之后，计算出最大风险权值和，即用表的行数乘以列数，再乘以表中最大风险权值，就能得到最大风险权值和。用项目风险总权值除以最大风险权值就是该项目整体风险水平。表中最大风险权值是 9，因此最大风险权值和 $=4\times5\times9=180$，全部风险权值和 $=101$，所以，该项目整体风险水平 $=101/180=0.56$。将此结果与事先给定的整体评价基准 0.6 相比说明，该项目整体上风险水平可以接受。另外通过计算项目各阶段的风险权重，可以知道该项目在实施阶段风险最大，因此，要加强实施阶段的管理，并尽早做好相关的防范准备，尤其是要加强对工期的管理。

主观评分法的优点是简便且容易使用，缺点依然是可靠性完全取决于项目管理人员的经验与水平，因此，其用途的大小就取决于项目管理人员对项目各阶段各种风险分析的准确性。

二、层次分析法

（一）层次分析法概述

层次分析法首先将风险层次化，构造出一个结构模型，如前后文没有出现图，并且号不准确所示。这些层次分为三类：目标层（A）、准则层（B）和方案层（C）。每下层受上层的支配。其原理是将复杂系统中的各种因素，划分为一个层级低阶结构，通过风险识别首先列举出所要分析的总风险以及分项风险，然后在专家经验评判的基础上给出因素间相对重要性对比关系，最后利用一致性准则判断是否为一致阵，若为一致阵则结论有效。通过层次分析法可得到风险的排序关系，进而有针对性地进行控制。

（二）层次分析法的过程

层次分析法的应用过程分为四步：建立所研究问题的多层次结构模型；构建两两比较判断矩阵；计算权向量并做一致性检验；计算综合权向量。

求出的综合权向量即为风险因素影响总目标的权重，将排序进行比较，分为高中低三类，判断工程风险等级，进而为下步风险应对提前做好准备。

在层次分析法模型建立后，随即要建立矩阵关系，在这之前就要先确定各因素的权重关系，可以采用专家打分法，利用其经验丰富结果有说服力的特点通过直接打分给出各因素权重。

三、模糊分析法

与表述随机事件发生可能性的“概率”相比，“模糊”则反映了人们对概念认知的“不确定性”。通常采用一般的方法进行风险评估，其结果是单一的，评估的结果往往用一个数值表示。模糊评估方法则丰富得多，它给出关于各种风险评价的隶属度，而不是单一的“好”“中”“差”结果。

模糊风险评估的步骤为下述内容。

（1）建立评估指标体系

在多因素风险综合评估体系中，风险指标体系的建立是前提条件。指标的选取应结合风险识别和单因素风险评估结果进行。

（2）建立风险因素集

对于评价的很多因素，可考虑建立一个树状结构，建立一个多层次的风险因素结构。

（3）确定影响因素的权重向量

建立了评估对象的多指标体系，需要确定各评估指标的权重和因素重要程度系数。确定权重的方法，可采用德尔菲法、层次分析法等。

（4）建立相应隶属函数

对于模糊集合的元素，与集合的关系用隶属函数来体现，即隶属度函数，取值范围在：0 ~ 1之间。这也是模糊评价工作的关键工作。目前隶属函数的确定主要还停留在依靠传授和专家评价阶段。

（5）建立相应模糊评估矩阵

首先进行最低层次的模糊综合评估，逐层向上，直到得到关于总目标的模糊评估。

（6）给出结果及结论

按照模糊数学计算方法，得出评估结果，并据此给出风险评估结论。

四、蒙特卡罗法

（一）蒙特卡罗法概述

给出所求解的近似解，解的精确度可用估计值的标准差来表示。

使用蒙特卡罗方法求解问题是通过抓住事物运动过程的数量和物理特性用数学方法来进行模拟，实际上每一次模拟都描述系统可能出现的情况，从而经过成百上千次的模拟后，就得到了一些有价值的结果。

可以看出，蒙特卡罗方法的基本原理实质上是：利用各种不同分布随机变量的抽样数据序列对实际系统的概率模型进行模拟，给出问题数值解的渐进统计估计值，它的要点可归为如下四个方面：

（1）对所求问题建立简单而且便于实现的概率统计模型，使要求的解恰好是所建模型的概率分布或数学期望；

（2）根据概率统计模型的特点和实际计算的需要，改进模型，以便减少模拟结果的方差，降低模拟费用，提高模拟效率；

（3）建立随机变量的抽样方法，其中包括产生伪随机数以及各种分布随机变量的抽样方法；

（4）给出问题解的统计估计值及其方差和标准差。

（二）蒙特卡罗法的过程

根据蒙特卡罗方法求解的基本思想和基本原理，蒙特卡罗方法的实施可采取五个主要步骤。

（1）问题描述与定义。系统模拟是面向问题的而不是面向整个系统，因此，首先要在分析和调查的基础上，明确要解决的问题以及需要实现的目标。确定描述这些目标的主要参数（变量）以及评价准则。根据以上目标，要清晰地定义系统的边界，辨识主要状态变量和主要影响因素，定义环境及控制变量（决策变量）。同时，给出模拟的初始条件，并充分估计初始条件对系统主要参数的影响。

（2）构造或描述概率过程。在明确要解决的问题以及实现目标的基础上，首先需要确定出研究对象的概率分布，例如在一定的时间内，服务台到达的顾客量服从泊松分相。但在实际问题中，直接引用理论概率分布有较大的困难，我们常通过对历史资料或主观的分析判断来求出研究对象的一个初始概率分布。

（3）实现从已知概率分布抽样。构造概率模型以后，由于各种概率模型都可以看成是由各种各样的概率分布构成，因此就需要生成这些服从已知概率分布的随机变量。

（4）计算模拟统计量。根据模型规定的随机模拟结果和决策需要，统计各事件发生的频数，并运用数理统计知识求解各种统计量。

（5）模拟结果的输出和分析。对模型进行多次重复运行得到的系统性能参数的均值、标准偏差、最大和最小值等，仅是对所研究系统做的模拟实验的一个样本，要估计系统的总体分布参数及其特征，还需要进行多方面统计推断，其中包括：对均值和方差的点估计，满足一定置信水平的置信区间估计，模拟输出的相关分析，模拟精度与重复模拟运行次数的关系等。

五、风险报酬法

风险报酬法又称调整标准贴现率法。该方法强调资金具有时间价值同时还具有风险价值，风险与风险报酬成正比例的关系，风险越大风险报酬越大，风险越小风险报酬越小，同时风险报酬的大小是在不断变化的。投资项目可以划分为无风险、低风险、中等风险、高风险四类。

在进行风险评价时需要考虑标准贴现率和风险的报酬问题，需要将各方案分为若干个等级，不同的风险方案对应一个风险贴现率。其标准贴现率为无风险贴现率和调整风险贴现率的和，以此为基准评价方案。

六、盈亏平衡分析法

盈亏平衡分析主要分为静态和动态两种。它是利用成本、产量和利润三者之间的关系，求出某个投资项目的收入＝支出时的平衡点。平衡点越低则表示投资项目的风险越小。

通过静态平衡点分析研究一个工程项目某一年的投入和成本的关系，能够帮助确定项目达到收支平衡的投入和成本水平。在这一点上，项目的总收入等于总成本，使得净现金流为零。这有助于管理者了解在何种条件下项目能够维持财务平衡，为项目的长期可持续性提供相关参考。

通过动态平衡点分析研究项目在整个寿命周期内的投入产出关系，反映出投资项目在整个寿命周期内的不确定性与考虑资金的时间价值。

第四章　工程施工项目风险管理的体系建设

风险管理贯穿着工程施工项目的全过程，风险管理作为一种过程管理，涉及到工程项目施工的各个环节。因此，要实现有效的工程施工项目风险管理，就需要建立起完善的风险管理体系，从而将工程项目施工的各部门和相关人员纳入风险管理体系之中，充分发挥他们在风险管理中的职能，实现风险管理系统的统筹协调、职责明确，同时，随着信息技术的不断发展，在风险管理系统的建设过程中，还应充分利用信息技术，实现风险管理的信息化发展。

第一节　工程施工项目风险管理的体系构建

建筑工程施工项目风险管理体系是指项目承包商按照项目风险管理的目标，通过一定的组织体系和机制建设，使项目所有利益相关者参与项目风险管理，充分利用项目风险管理资源，对项目各阶段的风险进行分析和监控，并遵循一定的秩序和内部联系组合而成的系统。它可以理解为是与项目风险管理活动及资源的配置和可以利用相关的各种机构互相作用而形成的组织系统和关系网络，可推动风险管理不断完善起来，保证建筑工程施工项目风险管理目标的实现。

一、项目风险管理的目标

企业所要管理的风险就是影响企业成功实现战略目标和项目目标的活动和因素，进行建筑工程施工项目风险管理的目标就是尽量地摒除这些活动和因素，保证实现战略目标，并且保证企业的持续经营。总结起来，管理目标如下所述。

（1）实现效益最大化与风险承受程度的平衡

在企业建筑工程施工项目中全过程推进精细化项目管理理念、提高项目风险意识，在实施中获得最高项目效益，树立市场信誉的最终目的是管理项目风险，使其在企业风险承受度范围之内，并为项目的实施提供合理保证。

（2）实现建筑工程施工项目风险的全过程管理

对建筑工程施工项目的全过程建立风险识别、风险评估、风险应对与处置、监控以及涵盖风险信息沟通与编报总结的完整风险管理体系；应用 PDCA 控制方法，即 P（Plan）计划、D（Do）执行、C（Check）检查、A（Action）处置，重复循环提高模式，通过实施使其不断改进与完善。

（3）培养核心管理人员

不断提高公司全体员工对建筑工程施工项目的风险意识和精细化项目管理的能力，在实践中提高工程项目风险管理和整体项目管理水平。

二、项目风险管理组织体系的构建

企业风险管理组织机构主要指为实现风险管理目标而建立的内部管理层次和管理组织，即组织结构、管理体制和领导人员。没有一个健全、合理和稳定的组织结构，企业的风险管理活动就不能有效地进行。

合理的组织结构为实施风险管理提供了从计划、执行、控制到监督全过程的框架。相关的组织结构包括确定角色、授权与职责的关键界区以及确立恰当的报告途径。以企业上层领导为核心组成风险管理领导小组，下设风险管理办公室，在风险管理办公室的组织结构中，可以按照风险管理的专业设立小组，如质量风险管理小组、进度风险管理小组、投资风险管理小组等，其中各风险管理小组的工作要涉及企业的多个部门，如质量风险管理部门就涉及设计的质量、采购的质量、施工的质量等，因此部门的设置也可以按照企业原部门对工作进行划分，如分为设计风险小组、财务风险小组、市场风险小组、采购风险小组、现场风险小组等，其风险管理组结构。

（1）风险管理领导小组。风险管理领导小组是企业风险管理的领导和决策机构，负责研究制定风险管理制度；批准风险管理工作计划；审定各类风险管理原则和对策；

对重大风险进行评估决策；研究重大风险事故的处理事项。

（2）风险管理办公室。风险管理办公室负责风险管理的日常事务，定期报告风险管理工作开展情况；负责落实、督办风险管理小组的决定事项；指导各项目开展风险管理工作并定期检查；汇总归档风险管理信息与报告。对风险管理领导小组的决策提供技术支持。

（3）风险专业小组。风险管理办公室下设若干个风险专业小组，各专业小组在日常工作中应广泛、持续不断地收集与工程项目风险和风险管理相关的各种信息和资料，做好风险管理基础与准备工作，与企业的其他相应管理部门做好协调。

（4）项目执行团队。主要负责实施过程中各种具体工作，对实施过程中的风险及时监控和管理，按时编制风险动态月报，对识别的风险提出处置计划。

（5）风险责任人，由项目经理指定合适的人员作为风险责任人，执行审核的风险处置方案，对其负责的风险发展情况负责，一个项目可有多个风险责任人，并且根据项目的进行情况以及风险的发展情况而及时改动。

不论风险组织结构如何设置，各部门都要制定好相应的风险管理目标、任务，明确干什么、怎么干。要强调协作，明确机构各部门内部及部门之间的协调关系和协调方法。同时，风险管理组织机构必须重视风险管理的经济性与高效性。企业中的每个部门、每个人为了一个统一的目标，实行最有效的内部协调，减少重复和空谈。

（6）风险管理组织机构职能划分。在企业风险管理结构中，应明确划分职责、权利范围，做到责任和权利相一致，促使组织机构的正常运转。风险管理领导小组对企业的重大风险和应对措施负有决策权，并对企业风险管理负有最终的责任和解释权。以风险总监为领导的其他风险管理人员支持企业的风险管理计划和实施理念，促使其符合风险承受度与容量，并在各自的责任范围内依据风险权限去管理风险。

风险管理组织结构中的每个角色的职责以及其权限的划分。

①风险管理领导小组：是风险管理的领导和决策机构，对企业的重大风险和应对措施负有决策权；对企业风险管理有着最终所有者责任。负责研究制定风险管理制度以及批准风险管理工作计划；审定各类风险管理原则和政策；对重大风险进行评估决策；任命风险管理办公室的核心岗位。

②风险管理办公室主任：风险管理办公室的核心是对工作成果负责，对风险管理

领导小组的决策提供技术支持。对风险管理办公室的日常工作负责；监督和管理风险管理工作开展情况；组织全面的风险评估工作；对各项目部风险管理的执行情况进行定期检查；分发风险管理领导小组反馈意见；制定和安排风险管理培训。

③风险管理专业小组：风险管理办公室设置若干个专业小组，在项目各个阶段工作不同，与企业其他管理部门相互配合，组织开展相应的风险识别、评估、应对与监控等工作。收集专业相关的风险基础资料；总结归档风险管理文件；组织各管理部门进行全面风险评估；编制风险动态与异常事件报告；落实项目风险处置决定；组织各部门进行风险识别；更新风险登记表。

④项目执行团队：主要负责实施过程中各种工作，对实施过程中的风险及时监控和管理，按时编制风险动态月报，对识别的风险提出处置计划。编著项目风险管理计划与预案及时更新风险登记表；编制风险动态月报并及时汇报提出并落实项目风险处置决定落实反馈意见。

⑤项目责任人：由项目经理指定合适的人员作为风险责任人，执行审核的风险处置方案，对其负责的风险发展情况负责。监督实施风险处置计划；跟踪负责风险的发展趋势；审核监督项目执行团队的工作。

⑥其他专业团队。其他专业团队包括供应商、分包商等团队，在项目运行过程中，按照项目负责人要求支持和贯彻风险管理领导小组的决定。对技术可行性与预期效益等方面的风险全面评估；准备项目复审与评估；协助风险专业小组进行风险识别和分析；准备各个专业风险管理预案与处置方案。

第二节　工程施工项目风险管理的流程与文件管理

一、风险管理流程框架的构建

项目风险管理流程是在企业总体战略规划、组织机构、资源基础等基础框架条件下实施的。首先需要确定哪些风险是必须要管理的，然后考虑做出相应风险计划与决策，风险管理总体规划与框架的确立将明确风险管理的范围。所以风险管理流程应保证风险管理的垂直化、扁平化，保证风险管理的独立性和权威性。避免政策传导不畅通；总部对基层的控制力薄弱；层层上报审批，决策机制效率低下等情况。一般情况下，企业可以从以下几个方面考虑建立风险管理流程框架：风险管理政策、标准和工具的制定与审批流程；政策执行和监督流程；例外计划的处理流程；风险状况变动的连续跟踪流程；向高级管理层和相应的管理委员会的报告流程。

二、风险管理的沟通与文件管理

企业要对风险本身和管理过程有一个沟通的机制，并且要体现出互动性。沟通计划是针对风险管理的执行人和决策人之间交流风险的管理情况，并据此制定决策的有效手段。及时地发布信息和风险报告是为风险管理提供信息，同时可以为有效地制定决策打下良好的基础。另外，还需将信息发布与风险报告的时间、格式、递交流程等以文件的形式确定下来，形成统一的报告流程。各相关方根据职责要求定期发布信息并递交风险报告。

风险管理过程的每一个过程都应该存档。文档管理应该包括假设、方法、数据来源和结果。文档管理的目的在于：证实管理的过程是正确的；提供系统风险识别和分析的证据；提供风险记录和企业知识管理；为决策提供书面的依据；提供责任人绩效关联制度和方法；提高审计的依据路径；信息共享和沟通。

第三节　工程施工项目风险管理的体系的信息化建设

一、风险管理信息系统的建设

（一）风险管理信息系统

企业应建立风险管理信息系统，将信息技术应用于风险管理的各项工作中，建立涵盖风险管理基本流程和内部控制系统各环节的风险管理信息系统，包括信息的采集、存储、加工、分析、测试、传递、报告、披露等。企业应采取措施确保向风险管理信息系统输入的业务数据和风险量化值的一致性、准确性、及时性、可用性和完整性。对输入信息系统的数据，未经批准，不得更改。

风险管理信息系统应能够进行对各种风险的计量和定量分析、定量测试；能够实时反映风险矩阵和排序频谱、重大风险和重要业务流程的监控状态；能够对超过风险预警上限的重大风险实施信息报警；能够满足风险管理内部信息报告制度和企业对外信息披露管理制度的要求。

风险管理信息系统应实现信息在各职能部门、业务单位之间的集成与共享，既能满足单项业务风险管理的要求，也能满足企业整体和跨职能部门、业务单位的风险管理综合要求。企业应确保风险管理信息系统的稳定运行和安全，并根据实际需要不断进行改进、完善和更新。已建立或基本建立企业管理信息系统的产业，应补充、调整、更新已有的管理流程和管理程序，建立完善的风险管理信息系统；尚未建立企业管理信息系统的，应将风险管理与企业各项管理业务流程、管理软件统一规划、统一设计、统一实施、同步运行。

（二）风险管理模块化信息系统

1. 项目风险等级评估模块

根据年、月、周的生产计划，按照对作业项目的评估步骤、流程，由评估小组对各项作业的评估项目、因素进行勾选，系统根据已设定的各项分值进行打分计算，最终生成作业项目风险等级评估明细表。模块主要的技术指标如下所述。

（1）能够实现操作人员只需要对作业评估具体条目勾选，即可完成对某项作业的评估工作；自动生成作业项目风险等级评估明细表，显示出每一项的分值情况，并可以将结果以 Excel 文档等形式导出。

（2）能够显示评估项目所处的流程、阶段，如初评、复评等。显示作业项目的相关信息，如起止时间、作业编号、审批及执行时间等等。

2. 安全承载力评估模块

班组安全承载力的评估由专家评估小组进行，对于个人安全承载力的评估则由执行小组进行评估。对各项指标进行勾选，系统自动根据所选内容生产班组（个人）安全承载力评估明细表，该模块的技术指标如下所述。

（1）对已评估的班组和个人安全承载力结果，系统能够自动保存，并建立班组（个人）安全承载力库，便于生产安排，资料更新等工作。

（2）能够按照各项指标因素对安全承载力库中的班组（个人）进行筛选。

（3）系统能够根据所选择的指标因素，自动生产班组（个人）安全承载力评估明细表，并可以将结果以 Excel 文档等形式导出。

3. 统计查询模块

将基本信息录入系统中后，可以由计算机完成查询和统计工作，大大减少工作量，缩短办公时间，提高工作效率。主要技术要求如下所述。

（1）查询统计可根据编号、电压等级、工作属性、风险等级、起止时间等进行组合查询及模糊查询。

（2）能够将查询到的作业项目评估结果和班组（个人）安全承载力评估结果导出到 EXCEL。

4. 权限管理模块

（1）权限管理模块的功能

权限管理模块是整个计算机管理系统权限控制的核心部分。管理的内容包括以下内容。

①各功能模块的权限控制，包括各功能模块各功能项目的显示、隐藏。

②权限跟踪功能可以查看模块控制权限中某一权限赋予哪些用户、角色，以及某一用户、角色具有哪些模块控制权限；可以赋予、回收用户和角色模块控制权限。

③相关负责人不在时，可将会签、审查、复核、审批的权限授予他人代为行使，避免因人为原因拖延。

（2）权限管理模块的技术要求

①实现对各功能模块以及各子项功能的显示 / 隐藏进行控制。

②实现自由更改各环节处理人员的功能。

③赋予及收回用户、角色对功能模块的添加、删除、修改、浏览权限。

④授权人只能将所有权限授权给一个被授权人，一个人可以接受多个授权人的授权。

⑤系统用户可以随时变更自己的登录密码，若忘记密码可由系统管理员重置。

5. 流程查看模块

流程查看模块显示在工作流系统中设置的各种工作流程中。主要技术要求如下。

（1）显示各种流程的整体流向，流程结构图。

（2）显示流程的各个环节的设置情况，包括环节名称、设置等信息。

（3）显示流程当前版本及所有历史版本。

（4）显示各流程流向信息，包括回退及跳转。

6. 流程监控模块

（1）流程监控模块的功能

流程监控模块主要提供对工作流（包括正在处理和已经处理的）运行状态进行横向和纵向监控，流程的统计查询。主要包括下述内容。

①流程横向监控，即对每一任务流程在各个环节上的运行状态监控。包括任务的产生时间、任务的实际完成时间、任务的执行者等等。

②流程纵向监控，即对某一环节上的各个任务流程的状态监控，包括任务的产生时间、任务的执行时间、任务的实际完成时间、任务的执行者、流程的执行路径等等。

③流程综合查询，根据流程的类别、启动时间、完成审批时间等信息查询流程信息。

④能够对任务流程的执行进行人工干预，如改派任务的执行者。

⑤能够对废除的流程进行删除。

（2）流程监控模块的技术要求

①对流程及任务流程的执行者，能够在任务流转的任一时刻，查询当前任务流程目前处理的状况、正在处理的部门、处理的时间等，即使流程执行者具有横向监控权限。

②在横向和纵向监控中，超时限的环节会使用醒目颜色作标记，并能够对超时环节的相关人员进行提示或催办；对接近时限的任务，可以根据设定要求进行提醒，这里的提醒是指当相关人员进入系统办理相关环节时，系统用特殊标记（例如红色字体）通知本任务已经快要到期了。

二、信息化软件的应用

风险管理软件的应用在整体上发展很大，如 Primavera Pertmaster Project Risk、Pertmaster Mote Carlo Analyzer x VERT 软件、P3E/C(v6.0) 等。

(1)PrimaveraPertmasterProjectRisk8.0 专业风险分析软件，通过高级的、基于蒙特卡罗模型的费用与进度分析来实现对风险管理的全生命周期进行管理，包括：

①在项目选择过程中初步决策的不确定性；

②在计划阶段提高项目进度计划的准确性；

③成功地进行执行与运营。

(2)Pertmaster Mote Carlo Analyzer 风险分析软件。MonteCarloTM3.0 是 Primavera 公司开发的风险模拟分析拟软件。能直接识别 P3、P3E/C、MS project、Open Plan 等软件格式，能作为 P3E / C(v6.0) 的附加模块，无缝结合。在与 Primavera Project Planner(P3) 相结合的条件下，利用 Monte Carlo TM 3.0，项目管理人员能够分析项目实施中存在的风险，为项目计划建立概率模型。利用该软件，也可评估带有概率分支工序和概率日历的工序组，衡量项目网络计划的任一部分或者整个计划成功的概率。项目管理人员还可以确定工程按期交付的可能性，为材料成本范围建立模型，甚至可以计算出一次罢工可能造成的影响。

Monte Carlo 能够为预测问题提供所需要的信息，建立概率计划，以及处理项目风险。这都是基于事件的发生概率而不是单点估计。在项目计划或成本估计受到无法控制的事件或条件威胁时，诸如恶劣天气或劣质材料或劳动力短缺，Monte Carlo 提供做出正确决策所需要的知识。除此之外，Monte Carlo 带有的报表和图形工具能帮助你清楚有效地与客户、资方和其他决策者就风险及不确定性进行沟通。在完成对项目所有工序时间分布的定义之后，Monte Carlo 就可以对它们进行模拟。在进行模拟之前，用户还需进行如下设置：确定模拟计算的循环次数，模拟的方法——Monte Carlo 方法或 Latin 超立方体方法，指定模拟初始值，选择总浮动时差计算方法，确认是否进行资源平衡，选定计算精度和确定是否对计划进行诊断处理等。

（3）风险评审技术软件是一种以管理系统为对象，以随机网络仿真为手段的风险定量分析软件。其最早应用在软件研制项目上，在项目研制过程中，管理部门经常要在外部环境不确定和信息不完备的条件下，对一些可能的方案做出决策，于是决策往往带有一定的风险性，这种风险决策通常涉及三个方面，即时间（或进度）、费用（投资和运行成本）和性能（技术参数或投资效益），这不仅包含着因不确定性和信息不足所造成的决策偏差，而且也包含着决策的错误。VERT 正是为适应某些高度不确定性和风险性的决策问题而开发的一种网络仿真系统。在 20 世纪 80 年代初期，VERT 首先在美国大型系统研制计划和评估中得到应用。VERT 在本质上仍属于随机网络仿真技术，按照工程项目和研制项目的实施过程，建立起对应的随机网络模型。根据每项活动或任务的性质，在网络节点上设置多种输入和输出逻辑功能，使网络模型能够充分反映实际过程的逻辑关系和随机约束。同时，VERT 还为每项活动提供多种赋值功能，建模人员可对每项活动赋予时间周期、费用和性能指标，并且能够同时对这三项指标进行仿真运行。因此，VERT 仿真可以给出在不同性能指标下，相应时间周期和费用的概率分布、项目在技术上获得成功或失败的概率等。这种将时间、费用、性能（简称 T、C、P）联系起来进行综合性仿真的软件，为多目标决策提供了强有力的工具。

（3）P3E / C（v6.0）（原 p3elc）荟萃了 P3 软件 20 年的项目管理精髓和经验，采用最新的 IT 技术，在大型关系数据库 Oracle 和 MS SQL Server 上构架起企业级的、包涵现代项目管理知识体系的、具有高度灵活性和开放性的、以计划——协同——跟踪——控制——积累为主线的企业级工程项目管理软件，是项目管理理论演变为实用技术的经典之作。除传统的 P3 的功能以外，P3E/C（v6.0）还增加了风险分析的功能，即把原来的 Monte Carlo 放入了 P3E / C（v6.0）。近年来，P3E / C（v6.0）在国际工程中得到了广泛的应用，归因于其强大的功能。P3E/C 强大的进度计划管理、资源与费用管理、赢得值管理、项目过程中的工作产品及文档管理以及报表输出等功能，在应用中得到了项目管理人的普遍认可。P3E / C（v6.0）在 P3 的基础上包含集成了风险管理功能，可用于识别与特定工作分解结构（WBS）元素相关的潜在风险，对其进行分类并划分风险的优先级；还可以复建风险控制计划，并为各个风险测算发生概率，进一步扩展了其功能。在项目执行过程中，问题与风险的发生有时是不可避免的，当问题或风险发生时，需要及时进行处理，以减少风险或问题给项目的进展带来的影响。P3E / C（v6.0）软件的一种问题是通过与目标对比后监控产生的，自动监控、自动报警，让客户能够在第一时间掌握项目进展情况。

以上风险管理软件在国内外的风险管理中得到了广泛的应用，从本质上讲，Primavera Pertmaster Project Risk、Pertmaster Mote Carlo Analyzer 和 P3E/C(v6.0) 三个软件都应用了蒙特卡罗分析原理，即基于“随机数”的计算方法。最常用的技术是蒙特卡罗分析，该种分析对每项活动都定义一个结果概率分布，以此为基础计算整个项目的结果概率分布。此外，软件还可以用逻辑网络进行“如果……怎么办”分析，以模拟各种不同的情况组合。

例如，推迟某重要配件的交付、延迟具体工程所需时间，或者把外部因素（例如罢工或政府批准过程发生变化）考虑进来。“如果……怎么办”分析的结果，可用于评估进度在恶劣条件下的可行性，并可用于制订应急及应对计划，克服或减轻意外情况所造成的影响。此外，蒙特卡罗分析还应用于风险定量分析。除此之外，以上三种软件能够很好地结合，如 P3E/C(v6.0) 编制的计划可以导入 Primavera Pertmaster Project Risk 以及 Pertmaster Mote Carlo Analyzer 软件中，进行风险分析，P3E/C(v6.0) 的风险管理作为新增的功能，有其局限之处，而其他两种软件则弥补了其不足之处。

三、风险信息化管理的主要技术

（一）BIM 协同信息交换

建筑工程施工项目风险管理信息模型建立的最主要理念就是“协同”BIM 建立整个模型的核心平台。在应用模型对项目进行风险管理时，项目的各个参与方都要参与其中。不同的参与方通过不同的应用程序与 BIM 平台的风险管理信息总模型相连接。不同的应用程序往往使用不同格式、不同标准的数据，为了提高模型操作的便捷性与数据处理效率，将不同应用程序中使用的数据进行标准化处理意义重大。IFC 就是在此需求下产生的最适合在 BIM 为平台的信息模型中使用的标准。IFC 的英文全称为 Industry Foundation Classes，起源于欧美，由 IAI 组织进行制定。IFC 标准包含丰富、大量的建筑产品各方各面的信息，是一种能够详细描述建筑信息的规范，IFC 可以用来描述建筑数据，它是 BIM 中最常用的数据格式，基于构件实体，具有中性、开放性等特点。

IFC标准在进行扩展和开发时需要遵循具有模块化组建特征的总体架构，IFC框架分为四个层次：资源层、核心层、交互层和支配层，它们的引用关系是自上而下的。专业领域层包含施工管理、设备管理、建筑管理等；共享交流层可以共享建筑元素、空间元素和风险管理元素等；资源层包括在风险管理中涉及的各种人力、物力、内部、外部资源。

IFC标准是对施工项目中的信息数据的一种定义，EXPRESS语言是实现IFC标准的基础，ESPRESS对信息的描述机制是通过一系列的说明来实现的，Express语言通过实体说明来实现对语言对象的描述。IFC标准的发展到现在经历了多个版本，从早期的IFC2X2到目前的IFC4.IFC标准在不断地改进，IFC标准的功能开发也越来越全面。IFC标准定义施工项目数据的逻辑关系，为了使信息数据能够交流与交互，还需要为IFC统一格式。

在风险管理信息模型中，所有数据信息的交互和传递都离不开IFC标准。

基于IFC标准的数据文件在各参与方的模型平台之间的交换，在模型的各个子模块和各参与方的模型应用平台之间中进行有效的数据文件传递。

(二)RFC复杂事件风险信息处理

建筑工程施工项目风险管理信息模型的风险识别子模块在对风险信息进行识别后，必须要对收集到的风险相关信息进行处理。提取出其中有效的风险信息，将之标准化后利用传输模块传入数据库中。这个过程需要运用信息智能处理技术。对信息进行智能化的处理是物联网的重要功能。在风险信息的处理过程中，物联网在风险管理信息模型中起到了神经中枢的重要作用。物联网的RFID技术在建立风险管理信息模型中对风险的信息采集起到重要作用。对RFID采集到的信息进行处理需要用到复杂事件处理技术。

RFID复杂事件处理的关键作用是处理海量的简单事件，提取出其中有价值的事件，与传统事件处理相比较，这种新技术可以对收集到的风险信息数据进行清洗，能够对收集到的风险信息进行多层次的过滤，使得到的数据信息更能真实地还原施工现场等的现实情况。该技术的局部检测和全局监测可以为模型的风险分析量化模块提供更精确、更有效、更具处理价值的数据。

RFID 获得数据的手段是对标签进行扫描等，标签对应的对象所在的具体位置和实时状态均可以被准确地记录下来。在施工项目风险管理信息模型中这些数据在风险识别子模块中需要经过 RFID 复杂事件处理这一过程，得到抽象后的风险事件。处理的过程遵循 RFID 复杂事件处理原理。RFID 事件处理技术事件分为两类：原子事件和复杂事件。前者也被称为简单事件，这种事件是施工现场设置的标签被读写器识别的一次数据交换过程，其特点是在某一时刻只有两种状态："发生"或"不发生"。而运用某种运算规则将原子事件组合，形成的新时间被定义为复杂事件，RFID 中间件的核心功能就是复杂事件处理。为了从海量的原子事件中提炼出有效信息，复杂事件处理技术经过多层次的过滤和归并将底层 RFID 数据聚合成含有业务信息的高级事件。

在风险管理信息模型中，采集到的全部待处理的风险相关信息即为待处理的原子事件，经过处理得到的数据清洗与事件检测过程抽象出的风险事件即为宏杂事件。

复杂事件处理技术在风险管理信息模型中有四大主要功能。

（1）将风险管理过程中模型各个子模块重要的事件，从通过物联网和普造计算技术采集到的大量风险因素中快速地找到并过滤出来。

（2）对低层风险事件进行概括在总结后进行抽象，从而使上层业务得到更有意义的高层风险事件。

（3）可以查看分布在不同子模块的风险因素与风险事件因果关系。

（4）自动监测风险监控子模块的风险因素状态。

以上这四种功能在风险管理信息模型中可以起到对风险信息进行有效处理的作用。建筑工程施工项目全过程存在大盘的风险信息，在风险识别子模块中，传入模型数据库的数据是海量的。从这些原子事件中抽取、提炼出有效的数据能在很大程度上减轻风险管理信息模型的风险信息处理工作量，使风险管理工作更具有高效性。

RFID 技术的局限性在于对数据的准确性把握不精准，当阅读器遇到问题时经常会导致数据丢失情况发生。造成这一现象主要有漏读、出现脏数据和多读这三点原因。为了减少这一现象造成的数据不准确，在应用 RFID 技术时需要对识别到的信息进行数据预处理，使标签读取到的数据时间更加准确，质量也更加精确，能够更好地还原真实信息。对信息预处理的手段是采用过滤器将不符合要求的信息进行过滤。过滤器结构有三层，经过层层过滤，得到符合要求的信息。

经过三层过滤，去除了标签识别到的海量数据中的冗余事件后，通过 EPC 编码和事件过滤器，管理者可以在分别得到指定类型或指定时间段内的数据，在风险管理信息模型中，是将风险事件进行分类的提取的过程。数据经过过滤后，下一步的工作是对复杂事件进行检测，可以结合风险事件的特征选择最适合的风险监测模型，用于风险管理信息模型之中。

①自动机复杂事件检测模型：自动机检测到原子事件出现时，其状态将会发生改变，状态为可接受即确定发生了复合事件，只匹配顺序的简单事件。

②匹配树复杂事件检测模型：结构聚合复合事件叶节点对应备本事件中间节点则表示复合字件根节点则为意义更复杂的事件，不考虑时间秩序或时序距离。

③有向图复杂事件检测模型：使用有向无环图节，是代表事件，其本身也带有规则，当节点事件发生触发节点规则，边则表示事件的合成规则，不考虑时间顺序或时序距离。

④基于 petri 网复杂事件检测模型：复合事件发生中最后的节点被标记输入基本事件，输出复杂事件，只匹配顺序到达的简单事件。

（三）上下文风险文件提取

在对建筑工程施工项目的信息采集时，仅仅依靠 RFID 技术还不够，作为物理空间与信息空间的融合的关键技术，普适计算也为风险管理信息模型的风险识别模块做出重要的贡献。普适计算的关键技术是上下文感知。上下文被定义为用来描述实体的环境特性。只要是符合这一标准的信息，都可以将之定义为上下文。实体有多种，既可以是人，又可以是位置、用户等对象。上下文环境中包含着上下文、上下文信息，描述用户或者任一实体所处环境的信息都属于上下文信息。

在项目施工现场中包含大量的与风险相关的上下文信息，如表 4-1 所示。

表 4-1　施工项目风险上下文

分类	内容	举例
环境风险上下文	自然环境；现场环境	气温、光照强度、场地准备
设备风险上下文	材料，机械状态	材料质量、数量；机械使用状态
成本风险上下文	财务相关	款项是否到位
速度风险上下文	时间相关	工期；季节交替

上下文的分类主要有两种：第一是对不同的信息获取方式进行分类；第二是根据

实体对象的重要性来分类。根据第一种方法对上下文进行分类时，将上下文分为直接和间接两种。直接上下文指的是通过传感器等设备直接从施工项目现场获取的。间接上下文是通过对直接获取的上下文进行处理而得到的上下文信息。后者相对前者而言更高级。在风险管理信息模型完成采集信息后，采集到的直接上下文都得被处理。

第二种分类的依据是实体对象的重要程度将上下文分为低级和高级两种，前者的特点是不会在短时间内对事件造成比较大的影响或使事件发展趋于不利，施工项目管理者不能够仅通过这类低级的风险上下文直接判断出受影响的事件具体属于哪种风险类型。与施工风险有关的上下文信息有关的低层上下文主要包括如下内容。

（1）在物联网和普适计算环境获得的风险上下文信息。各类传感装置可以获得项目人力和物资等全部资源信息，得到人安全状况等人力风险上下文、材料质量的风险上下文、机械设备风险上下文等。

（2）其他方式间接获得风险上下文信息。通过其他方式非直接获取的上下文信息，比如对施工项目造成风险的施工技术层面或信息交互层面等，有影响的上下文信息。

与施工风险有关的高层上下文主要包括以下内容。

（1）人力资源风险上下文。施工项目人员的管理对项目的影响极大，上下文能够在管理者需要掌握特定信息时全面地反映出施工现场的人力情况。当紧急事件发生，需要调整人力资源的布置以应对风险事件。

（2）材料资源风险上下文。项目管理者通过历史记录的施工项目的物料状态和施工人员和施工设备的交互信息对施工项目的物料使用情况、质量好坏和储备量是否足够等状态进行全面的掌握和了解。例如，混凝土在保存不当的情况下，性能发生不利于施工的改变。如果可以通过传感器等设备的工作，及时地了解到混凝土温度变化的数字信息，将此类信息在风险管理信息模型中传递，使项目管理者能够清晰地把握混凝土的质量信息。

（3）设备资源风险上下文。当突发事件的出现打破了原有的资源使用计划时施工项目有限的设备资源变得更加紧缺，风险管理信息模型支持项目管理者直接查询风险事件所对应的资源或设施状态的高层风险上下文。

（4）场地风险上下文。施工项目对场地要求极高。场地的自然条件发生较大变化时，施工项目是否能正常按计划进行受到影响的可能性极高。从低级的天气上下文事件中提取出如暴雨天气而导致场地无法使用等事件被抽象为影响场地使用的高级风险上下文。

（5）进度风险上下文。造成施工项目进度风险的事件有很多。例如设计的变更导致工程量发生变化从而影响工期按时完成的可能性。

（6）成本风险上下文。在施工项目中影响成本目标实现的事件。其中主要包括业主资金到位不及时、进度落后导致的人、材、机等支出增加、监理验收时质量不合格需要拆除工序重建增加的费用等。

在模型中对直接的风险上下文处理形成间接风险上下文；对低级风险上下文进行处理，得到高级风险上下文在模型的物理空间与信息空间融合，上下文感知各子模块的风险信息处理中起到不可替代的作用。

第五章　建筑工程风险处置

第一节　建筑工程风险处置概述

工程项目风险分析的主要环节包括风险辨识、风险估计与评价，而风险分析的目的是根据风险分析的结果提出恰当的风险处置方案。通过工程风险的处置安排，尽可能地降低工程风险，实现工程的预期目标，这是工程风险管理的初衷。

工程风险与一般风险不同，其具有系统性、关联性、多样性等特点。这些特点综合表现为工程风险的复杂性，因而建筑工程风险处置与一般风险处理也不同。在处理工程风险时，应遵循以下原则：综合分析某类风险在总体风险系统以及风险载体中的重要程度及关联性；对于比较重要的和关联性大的风险，应采取有效的风险处理措施来分散风险。由于工程风险的多样性（尤其是大型项目的工程风险），如果所有风险不分轻重地采用相同的处置方案，会将降低风险管理的效率，增加风险管理的成本。因而风险处置方案的选择安排应有所侧重，根据风险分析的结论，安排和处置那些具有重要影响的风险。

建筑工程风险处置的步骤因处置方法的不同而有所区别。一般来说，大致要经历四个步骤。第一，总体分析和评价风险辨识和风险估计的结论。工程风险的处置方法有很多种，需要根据风险状态选择适合的风险分散方法，并进行具体的安排。第二，进行风险处置方案的比选。工程风险的处置安排有很多方案，应根据风险状态和处理成本进行方案比选。第三，安排具体的风险处置方案，针对关键的风险处理环节提出处理措施。第四，组织和实施风险处置方案。方案制定出来后，要组织有关人员落实下来。

第二节　建筑工程风险处置方法

在工程项目风险管理中，具体的建筑工程风险处置方法很多。按照处置工程风险方式的不同，一般将这些方法分为三大类，即工程风险回避、工程风险自留和工程风险转移。

一、工程风险回避

风险回避是指中断风险源，遏制风险事件发生，主要通过主动放弃和终止承担某一任务，从而避免承担风险。在面临灾难性风险时，采用回避风险的方式处置风险是比较有效的。比如在一个人口密集和生态环境良好的地区建设炼油厂，可能面对空气和水污染及周围居民强烈反对等风险。这时应放弃在该地区建厂，实施其他替代方案，如在其他地区建炼油厂或在原地建其他污染小的企业等。但是有时候放弃承担风险意味着放弃机会，比如在一段穿越农田的高速公路施工中，业主为了节省成本选择直接在农田上铺路，而放弃在农田上方空中架桥的施工方案。放弃空中架桥方案意味着可能放弃高速行驶、安全、路基沉降小、少占用农田等机会。由此看来，某些情况下的风险回避是一种消极的风险处理方式。在工程项目中，风险回避可以有效化解施工准备阶段的某些技术风险、设计风险、地质风险，也可以减少甚至化解因违规操作、工人疏忽等引发的施工风险。

二、工程风险自留

工程风险自留是指工程风险保留在风险管理主体内部，通过采取内部控制措施等来化解风险，或者对这些保留下来的工程风险不采取任何措施。在工程风险管理中，应用自留方式处理风险有三种情况。一是当风险无法回避或转移时，被动地将这些工程风险留下来，属于被动自留。二是如果经估算确认风险程度较小，对工程总体不会造成太大的影响，于是保留风险，属于主动自留。决定是否将风险自留应综合考虑以下因素：①自留费用低于保险公司所收取的费用；②企业的期望损失低于保险人的估计；③企业有较多的风险单位；④企业的最大潜在损失或最大期望损失较小；⑤短期内企业有承受最大潜在损失或最大期望损失的经济能力；⑥风险管理的目标可以承受年度损失的重大差异；⑦费用和损失支付分布在很长时间内，从而导致很大的机会成本；⑧投资机会很好；⑨内部服务或非保险人服务优良。如实际情况与上述条件存在较大的偏差，无疑应放弃主动自留风险的决策。三是没能准确把握风险，于是把风险保留下来。这三种风险自留既有迫不得已地将风险保留下来的情况，也有主动地进行风险决策的情况。无论是哪种情况，风险自留后都应采取有效的措施去控制风险的聚集和扩散。风险控制措施着重于改变风险源和风险因素在时间和空间上的分布，从而限制风险扩散的速度。另外，风险控制措施把风险因素与可能遭受风险损失的人、财、物隔离，减少风险汇聚和扩散的载体。

三、防损和减损

防损是指采取各种预防措施来杜绝风险的发生。例如：供应商通过扩大供应渠道避免货物滞销；承包商通过提高质量控制标准，防止因质量不合格而出现返工或罚款；工程现场管理人员通过加强安全教育和强化安全措施，减少事故的发生；业主为了防止承包商不履约或履约不力，要求承包商出具各种保函；承包商要求在承包合同中赋予其索赔权利，也是为了防止业主违约或发生其他不测事件。这些都是工程风险损失管理中经常使用的措施。减损是指在风险事故发生后，通过采取有力措施来控制风险损失的蔓延，降低损失的程度。例如，通过隔离风险单位，遏制风险势头继续恶化，限制其扩展范围，使其不再继续蔓延。再比如在建筑材料和构件的管理中，为了避免建筑材料和构件被盗或被雨淋等，借鉴 ABC 管理法的思想，按照材料的重要程度将其分类，采取不同的管理措施。

四、工程风险转移

风险处置的第三种方式是风险转移，是指风险承担者通过一定的途径将风险转嫁给其他承担者。工程项目风险管理广泛使用的风险转移方式有：①在招投标阶段通过设定保护性合同条款将风险转移给合同对方；②通过担保将风险转移给担保人；③业主和承包商投保与工程项目有关的险种，将风险转移给保险公司。

（一）设定保护性合同条款

在三种转移途径中，利用合同的保护性条款来降低或规避某些风险的转移成本相对较低。工程担保和保险需要向被转移者支付一定的风险保障费用。而设置保护性条款的转移费用支出是隐性的，不必直接支付转移费用。通过合理设置合同的保护性条款来转嫁风险的成本（包括损失发生后的处理成本和合同履行成本）。这里的合同履行成本是由于合同设置了保护性条款，使得合同的履行变得复杂，由此增加的成本。

（二）工程担保

工程担保是将风险转移给第三方的重要途径。工程担保分为信用担保和财产担保。信用担保是以个人信用担保债权的实现，即保证担保。按照担保的用途不同主要分为投标保证、履约保证和承包商要求业主提供的支付保证。财产担保是以财产保证债权的实现，包括抵押担保、质押担保和留置担保。如考虑津滨快轨工程的实际风险情况，以担保分散风险时，主要选择保证担保形式，要求投标商为每份合同提供履约担保。在津滨快轨工程所签署的合同中，业主方要求投标方提供其开户银行的履约保函。合同履约担保主要担保合同履约方的履约能力，避免因违约而使业主或承包商蒙受意外损失。合同履约担保所化解的风险范围较狭窄，主要化解合同履行的风险。

（三）工程保险

工程保险是借助第三方来转移风险，同其他风险方式相比，工程保险转嫁风险的效率是比较高的。国外的工程项目投保工程保险非常普遍，但从国内的实际工程投保情况看，投保比率并不高，其中的原因是多方面的。随着建筑市场和保险市场的进一步发展，工程保险将成为风险转移的主流方式。投保建筑工程保险的项目出险后发生的合理的处理费用都会计入赔款中，因而对于投保方而言，建筑工程保险的风险转移成本主要是保险费，属于显性的费用支出。与其他建筑工程风险处置方式相比，建筑工程保险的风险转移成本相对较高。如综合考虑津滨快轨工程的风险源的复杂状况，权衡保险费和未来可能承担的风险损失以及获得的风险保障，来决定投保建筑工程保险的保险项日、保险责任范围、保险金额等合同要素。工程保险可以分散的风险属性表现为可转移性和经济性。可转移性即是风险可以通过投保转给保险公司；经济性是指选择某些保险标的保险责任范围和保险金额等要素所提供的保障程度要与保费、免赔额和赔偿限额等支出要素权衡，保险支出和保险得利相当。工程保险可化解的风险范围很广，一般是在遵循保险法规的前提下，由保险双方一起商定，最终以双方签订的保险合同所列保险项目和保险责任为准。

五、建立工程风险准备金

风险准备金是从财务的角度为风险筹集备用资金，在计划（或合同价）中另外增加一笔风险预备费用。比如在投标报价中，承包商经常根据工程技术、业主的资信、自然环境、合同等方面的风险程度，在报价中加上一笔不可预见风险费。风险准备金的多少是一项管理决策。从理论上说，风险准备金的数量应与风险损失期望值相当，即为风险发生所产生的损失与发生的可能性（概率）的乘积，计算式为：

风险准备金 = 风险损失 × 风险发生的概率

除了应考虑理论值的高低，还应考虑项目边界条件的状态。对承包商来说，确定报价中的不可预见风险费要考虑竞争者的数量、中标的可能性等影响因素。如果风险准备金定得过高，报价竞争力降低，中标的可能性就会降低。

第三节　建筑工程风险处置案例

这里以津滨快轨工程风险的处置方案为例，说明工程风险的处置策略。

一、工程风险回避方案

风险回避方案主要运用在本项目的初始化阶段和中间的施工环节。如在津滨快轨工程的施工准备阶段，针对某些工程风险采取了风险回避处理。在工程项目施工准备阶段，有些项目的取舍或变更不会对整体工程造成多大影响，故而采取风险回避的措施是比较合适的。下面四个方案是津滨快轨工程的施工准备阶段采取的工程风险回避方案。

第一，通过严格的招投标程序，选择合格的承包商，以降低技术风险。对于天津快速交通有限公司（业主方）来说，控制工程风险的第一步就是选择优质的承包商，因为承包商的技术水平和管理水平在很大程度上影响着建设施工过程的技术风险和施工风险。因而，业主方制定了很严格的招投标程序，力求保证优质的承包商和供应商中标。

第二，控制工程分包，降低将工程分包给劣质承包商的可能性。由于本项目的几大主体工程的相互关联程度很高，任意环节出问题都将影响到整个项目目标的实现，因而必须严格控制总承包和分包程序。业主方通过严格的招投标程序和合同对总承包商实行控制，还控制承包商的分包。承包商将工程分包出去需要经过业主的审核同意，以免工程落入劣质分包商的手中。

第三，根据实际情况进行现场规划和拆迁，在满足工程设计要求的条件下，尽可能回避掉施工地质条件复杂、拆迁困难的地域。

第四，回避线桥施工风险。线桥施工中可能会遇到地质复杂或周围环境有特殊要求的情况，这时可以采取改变桥梁的设计结构增加墩台跨度的办法，尽量回避上述情况带来的风险。

二、工程风险自留方案

在风险处置措施的规范分析部分已经分析了风险自留的三种情况。工程风险自留这种方式本身就存在着一定的风险，需要进行周密的风险处置安排，并设计处置方案。在津滨快轨工程中，根据风险自留的三种情况，设计出三种风险自留方案。

第一，可自我容纳的小风险的控制和化解方案。津滨快轨工程的建设期风险的控制点分为两个环节：一是制定和落实风险防范措施，降低风险发生的概率；二是制定施救措施。为降低风险发生概率，首先要预防危险源的产生，其次减少构成危险的数量因素。风险施救措施包括：防止已经发生的危险扩散；降低危险扩散的速度，限制危险作用的空间，在时间和空间上将危险与保护对象隔离；增强保护对象抵御风险影响的能力；迅速处理已经造成的损害。

第二，未预料的风险处置方案。由于津滨快轨工程本身的特殊性和项目前期风险分析的局限性，不能完全把握所有的风险，这些风险对项目风险管理目标的实现构成一定的威胁。因而，需要针对这部分风险制订相应的处置方案。处置方案由风险预警系统、风险应急措施和风险补救措施构成。风险预警系统包括软件系统和硬件系统两部分。软件系统主要是通过事先设置的指标体系来预测分析各主要施工环节是否处于正常状态；硬件系统是通过某些监测预警设备来预测未预料的风险。当始料未及的风险一旦发生时，就需要采取一定的应急措施以降低风险的作用空间和扩散速度。应急措施主要包括组成专门的应急事务处理小组，专门负责制定和实施应急措施、紧急避险和疏散措施、借助外援措施和报告措施。当风险已经发生并造成一定的损失后，就需要采取风险补救措施，主要包括现场清理及紧急制订和实施替代方案。

第三，不能回避或转移的风险的控制和化解方案。这部分风险是已经预料到的被迫自留的风险。这类风险的处置途径有三条：一是变更设计，当一些经济风险或政治风险影响设备的采购和安装时，在变更设计可行的情况下，可以通过变更设备型号和安装要求来化解风险；二是借鉴小风险的控制和化解方案，这也是有效的分散风险的途径，这些风险处置方案是从最基本的风险源开始控制风险状态；三是实施替代方案，当实施当前方案的风险很大且又存在替代方案时，可以通过实施替代方案来控制和转移风险。

三、工程风险转移方案

（一）设置保护性条款

津滨快轨项目转移风险安排的方案之一是在重大的工程合同中设置保护性条款。设置保护性条款方案主要包括合同选择和保护性条款设置两方面。根据风险管理的系统性原则和重要性原则，选择重要的工程合同进行安排，主要是选择合同金额较大、合同标的对工程进度和施工质量都构成重大影响的那些合同。保护性条款主要是在施工技术标准、工程质量、报酬和货款支付条件等方面设定履约方必须达到的条件。

津滨快轨工程设置保护性条款考虑了两个因素：一是风险转移的可行性，分析风险是否可以通过保护性条款转移出去；二是合同对方的反应，由于合同订立是合同双方博弈的过程，设置保护性条款需要考虑合同对方对此作出的反应。如果保护性条款过多或条件过于苛刻，合同对方有可能提高报价，或者低价中标，而施工时偷工减料使工程质量缩水。因而本项目在设置保护性条款时，需要充分权衡风险转移的可行性和合同对方的反应。

天津滨海快速交通发展有限公司派专人负责管理项目涉及的所有合同。为了尽量避免以及减少风险损失，该项目在每份合同文本的设置和订立之初，会通过设置保护性条款来转移部分风险。该工程的施工图设计对施工技术标准和设备型号等作了说明。为了约束承包商和供应商，保证工程施工符合设计要求和质量要求，施工承包合同和设备材料采购合同对此作了明确规定。施工合同条款规定工程施工需要参照的技术标准和技术文件，保证承包商施工的规范性，降低施工风险。设备材料采购合同条款详细规定所要采购的设备和材料的型号等技术指标，缩小供应商从有利于自身利益的角度选择的空间，降低供应商的道德风险，保证标的的质量，降低土建工程和机电工程的接口风险和施工风险。设置支付条款以保护业主利益，规定业主支付货款或工程款的前提条件，包括工程质量达到标准，施工费用控制在预定范围内等。设置保留索赔权利的条款，规定在一定期限和条件下，业主对工程质量缺陷等保留索赔权利。

（二）工程合同的履约担保

为了降低合同履行风险，津滨快轨工程所有的重大合同都设置了担保条款，要求承包人或供应商向业主提供履约担保，担保方式为银行出具的履约保函。选择这种担保方式主要基于如下几点考虑：一是风险分析结论，根据风险调查和分析的结论，一些主要风险最初源于合同的订立和履行，因而通过控制合同履约环节的风险，可以有效地分散相关的风险；二是合同履约担保方式本身的担保效力较高，对于合同履行过程中出现的未履约或未完全履约的风险，担保银行可以提供担保，而担保费用由对方支付；三是工程担保和工程保险并列成为工程外加的双层保障机制。津滨快轨工程的担保策略是“有所为，有所不为”。该项目针对合同履行和融资环节等关键点进行担保，而其他复杂的风险由工程保险或其他风险处置方式来分散。在合同履约担保安排过程中，业主要求投标方必须提供其开户银行的保函，并约定担保银行提供担保内容。业主、投标方和担保银行最终商定的担保金额以合同金额的 10% 计算。

（三）投保建筑工程一切险

天津滨海快速交通发展有限公司作为业主方投保了建筑工程一切险，并支付了保险费。业主方在充分考虑投保建筑工程保险的必要性之后，对各家开办此业务的保险公司均进行了调查分析，最终选择由中国人民保险公司天津市分公司和中国太平洋财产保险股份有限公司天津市分公司共保。前者作为主要承保人与该项目的业主方共同商定保单主条款的相关事宜。保险双方就保单条款商议的主要问题分为两个方面：一是确定保险合同的保障范围，影响合同保障范围的因素包括保险项目、保险责任、免赔额、赔偿限额、保险金额等款项；二是保险合同的价格，这里的价格就是指保险费，决定保险费高低的因素有保险费率和保险金额。业主与承保人围绕着这两方面的问题展开动态博弈，保险双方反复地在合同保障范围和合同成本之间进行权衡和协商。投保的业主方在确定合同保障范围时，主要考虑该工程的风险分散要求，包括该项目的主体结构和其他子项，为其可能遭受的自然风险和意外事故以及在施工过程中出现的第三者责任提供保障。该项目投保范围的选择基于稳健的处置原则，将具有保险利益的项目进行投保，保险范围覆盖了大部分可保的快轨工程项目。保险项目分为物质损失和第三者责任两部分。由于保险项目的多少和保险责任范围的宽窄直接影响到保费的高低，业主方在确定合理的保险责任范围的同时，也考虑其对保费的影响，通过与承保方反复商议，最终决定了保险责任范围和保险费率。该保单的保险项目最终取决如下：

第一部分 物质损失

1）路基工程。

2）桥涵工程。

3）轨道工程。

4）通信工程。

5）信号工程。

6）电力及牵引供电系统。

7）防灾报警。

8）房屋及建筑物装修。

9）自动扶梯。

10）给排水及消防工程。

11）环保工程。

12）其他运营生产设备及建筑。

13）其他费用。

14）购置车辆。

第二部分 第三者责任

这部分的保险项目主要包括工地内及邻近区域的第三者人身和财产。

在明确了保险项目之后，双方商定的重点就是保险责任范围。本合同的保险责任采取保险责任和除外责任同时列明的逻辑表达形式。保险双方约定，对于保险责任和除外责任皆未列明的责任，保险公司不保。条文如下：

第一部分 物质损失

责任范围

1）本保单除外责任以外的任何自然灾害或意外事故造成的损坏或灭失。自然灾害包括地震、海啸、雷电、飓风、台风、龙卷风、暴雨、洪水、火灾、冻灾、冰屯、地崩、雪崩、火山爆发、地面下陷及其他不可抗拒的破坏力。意外事故指不可预料的以及被保险人无法控制并造成物质损失或人身伤亡的突发性事件，包括火灾和爆炸。

2）因发生上述损失所产生的有关费用。

除外责任

1）设计错误引起的桢失和费用；

2）自然磨损、内在或潜在的缺陷、物质本身变化、鼠咬、渗漏或其他渐变原因造成的保险财产损失和费用；

3）因原材料缺陷或工艺不善引起的保险财产损失以及为此所支付的费用；

4）非外力引起的机械或电气装置的损失，施工机具、设备、机械装置失灵造成的损失；

5）维修保养或正常检修的费用；

6）档案、文件、账簿、票据、现金、有价证券、图表资料及包装物的损失；

7）盘点时发现的短缺；

8）领有公共运输行驶执照的，或已由其他保险予以保障的车辆、船舶和飞机损失；

9）除另有约定，在保险工程开始以前已经存在或形成的位于工地范围内或其周围的属于被保险人的财产损失；

10）除另有约定，本保单保险期限终止以前，保险财产中已由工程所有人签发完工验收证书或验收合格或实际占有或使用或接受的部分。

第二部分 第三者责任

责任范围

1）第三者责任范围包括因发生与本保单所承保工程直接相关的意外事故引起工地内及邻近区域的第三者人身伤亡、疾病或财产损失，依法应由被保险人承担的经济赔偿责任，保险公司按照保险合同规定赔偿；

2）对被保险人因上述原因而支付的诉讼费用以及经承保公司同意而支付的其他费用；

除外责任

1）由于震动、移动或减弱支撑而造成的任何财产、土地、建筑物的损失及由此造成的任何人身伤害和物质损失；

2）工程所有人、承保人或其他关系方或他们所雇用的在工地现场从事与工程有关工作的职员、工人以及他们的家庭成员的人身伤亡或疾病；

3）工程所有人、承保人或其他关系方或他们所雇用的在工地现场从事与工程有关工作的职员、工人所有的或由其照管、控制的财产产生的损失；

4）被保险人根据与他人的协议应支付的赔偿或其他款项等应承担的责任不在此限。

上述物质损失和第三者责任部分的保险责任是通常的工程保险责任范围。对于津滨快轨工程特有的风险属性，保险合同中特别增加了附加条款，从而扩大了保险责任范围。附加条款分为适用物质损失项扩展条款和第三者责任的扩展条款。适用物质损失项下扩展条款包括如下内容：

1）专业费用扩展条款；

2）特别费用条款；

3）清理残伙费用条款；

4）地面下陷条款；

5）自动恢复保险金额条款；

6）原有建筑物和周围财产扩展条款；

7）特别免赔条款；

8）地下炸弹条款；

9）罢工、暴乱和民众骚乱扩展条款；

10）内陆运输扩展条款；

11）时间调整条款；

12）预付赔款条款；

13）赔偿基础条款（一）；

14）赔偿基础条款（二）；

15）工程完工部分扩展条款；

16）保障业主财产条款；

17）设计师风险扩展条款；

18）扩展责任保证期责任条款；

19）工地外储存物条款；

20）地下电缆、管道及设施特别条款；

21）工程图纸、文件特别条款；

22）分期付费条款；

23）工程造价调整条款；

24）工程工期延期条款。

适用第三者责任的扩展条款包括交叉责任条款、契约责任条款和震动、移动或减弱支撑扩展条款。由于篇幅所限，本案例只给出适用物质损失项下扩展条款和适用第三者责任的扩展条款的条目，略去了每条扩展条款的具体规定（关于这部分内容，保险合同中作了详细规定）。

保险费率标志着工程保险产品的价格，是保险双方商定的一个关键点。在保险费率商定的过程中，保险公司首先按照基本的费率厘定程序算出基本费率。考虑本工程的工程造价很高，且规定了每次事故的绝对免赔额，因而保险公司给予了一定的保险费率优惠，本项目投保的建筑工程一切险的保险费率取 0.084%。

除了保险责任和保险费率之外，保险赔款的计算基础也是保险合同的又一关键要素，它直接影响出险后的赔款计算。本保险项目的赔款计算基础最终取决以修理、重置、替换或修复受损财产的全部费用为基础，不考虑最初建筑费用的影响。此外，根据本工程项目的实际费用构成对赔款的计算基础作了修正。由于保险单明细表中所载投保项目包含设计费、监理费等相关费用，占到保险物质标的价值的 11.6%，这部分费用是附属在物质标的上的实际费用支出。在计算损失赔偿时，如果仅仅是以修理、重置、替换或修复受损财产的全部费用为基础计算，则会漏掉上述两项费用的补偿。这与建筑工程保险的保障原理相违背，因而该承保项目赔款的计算基础另外增加了 11.6%，即保险赔款以修理、重置、替换或修复受损财产的全部费用的 23.2% 计算。

四、总结

天津滨海快速轨道交通工程是一项大型的复杂工程项目，全部工程涉及土建、轨道和机电三大专业，工程风险属性形态各异。根据不同的工程风险属性和风险处置效益分析，该工程风险管理计划制订了系统的风险处置方案。既有工程施工准备阶段的建筑工程风险处置方案，也有工程施工过程中的风险处置方案。并且根据实际的风险状况，各种建筑工程风险处置方案交叉运用；工程风险回避、工程风险自留与工程风险转移方案配合运用。天津滨海快速轨道交通工程风险管理的实践证明，建筑工程风险处置方案比较有效地防范和化解了工程施工中的一些重大的风险。

第六章　建筑工程保险的保险利益与保险标的

第一节　建筑工程保险的保险利益

一、保险利益的含义

无论是在保险合同中，还是在保险展业、索赔理赔等业务中，经常涉及保险标的。但是在保险实务中，有一个与保险标的紧密相关、比保险标的还重要的保险专业术语就是保险利益。保险利益与保险标的是一对密不可分的保险专业术语，因而在介绍保险标的之前，需先了解保险利益的有关内容。《中华人民共和国保险法》第十二条第二款规定：保险利益是指投保人对保险标的具有法律上承认的经济利益关系。保险利益可以分别从人寿保险和财产保险两类险别的角度去界定。人寿保险的保险利益是指投保人对被保险人的生命或身体健康所具有的利害关系。比如父母可以将子女的身体健康和生命作为标的投保人寿保险，这是因为子女健康地生存直接影响父母的生活质量。财产保险的保险利益是指投保人对保险标的所具有的某种经济上的利益。比如某工程承包商的挖掘机在施工现场被盗失，那么该挖掘机的丢失将给其带来很大的经济损失，也就是说，若挖掘机不丢失而继续使用，将给该承包商带来一定的经济利益。因此，该工程承包商对其所拥有的挖掘机具有保险利益。保险法同时规定，投保人对保险标的应当具有保险利益。投保人对保险标的不具有保险利益的，保险合同无效。保险标的是保险利益的载体，保险利益以保险标的的存在为条件。在保险标的没有转让之前，保险标的存在，保险利益也存在，否则保险利益将灭失。比如 X 承包商将在保险期内的两台挖掘机转让了，如果转让后出险，那么X承包商不再享有赔款请求权，因为他已经不具备与两台挖掘机的经济利益关系。

二、保险利益的构成要件

一项标的是否具有可保利益，需要衡量保险利益是否符合三个基本构成条件。第一，保险利益是否合法。其合法性表现在两个方面：一是保险标的本身的合法性，如果某标的是有关法律法规所禁止的，那么它不具有可保利益，投保人不能将其投保；二是投保人与保险标的的关系是合法的，即投保人合法地占有或使用保险标的。第二，保险利益所代表的经济利益是否可以用货币衡量。因为保险是以补偿为目的，只有保险标的的损失可以用货币计量，才能计算和补偿保险责任限额内的经济损失。第三，保险利益是否是确定的经济利益，主要包含现有的经济利益以及以现实利益为依据的预期利益两部分。预期利益已逐步成为保险利益一部分，比如在机械设备利润损失险中，该险种承保机械设备的潜在利润损失。投保人对指定风险原因造成的投保机械设备的潜在利润损失享有保险利益。

三、工程项目的保险利益的表现形式

工程保险中保险利益的形式是比较复杂的。具体的工程保险险种不同，保险利益的表现形式也是不同的。纵观各国的工程保险业务，由于建筑业和保险业及其他相关行业的发展程度不同，因而工程保险业的发展水平也不同，开设的工程保险险别也有所不同。现有的与建设安装工程有关的险种概括起来主要分为三类：①一般财产损失险别，例如机器设备险及其利润损失险、建筑工程一切险、安装工程一切险等；②责任保险险别，包括雇主责任险、雇员第三者责任险、执业责任险等；③人身保险险别，主要是人身意外伤害险。相应地，工程保险利益按照这三类险别具体表现如下。

（一）一般财产损失险别的保险利益

一般财产损失险别的保险利益是工程保险中最常见的保险利益形式。这种保险利益源于投保人对有形财产所具有的所有权或使用权。比如某工程施工机械在保险期内发生保险责任范围内的损失或给他方造成损失时，都会使其财产所有权人或其他利益关系人（财产所有权人、经营权人、自留权人和管理权人）遭受不同程度的经济损失，如果投保了机械设备保险，按照保险合同就可以得到赔偿，实现保险利益。

（二）责任保险险别的保险利益

责任保险险别的保险利益是因可能产生的民事赔偿责任而形成的保险利益。保户在生活和工作中，有可能因行为过失而导致他人人身伤害或财产损失，此时需要承担一定经济赔偿责任，这种经济赔偿就会影响其现有的经济利益。保户可以将其可能承担的民事赔偿责任作为保险标的投保责任保险，于是投保人便对这种民事赔偿责任拥有保险利益。但是因投保人的故意行为导致他人人身伤害或财产损失时，则不享有保险利益。

（三）人身保险险别的保险利法

人身意外伤害险是对被保险人因遭受意外伤害而造成伤残、死亡、医疗费用、暂时丧失劳动能力承担赔偿的保险业务。相应地，其保险利益是指投保人对保险标的所具有的直接经济利益关系。具体地说，人身意外伤害险的保险利益是投保人对被保险人的身体健康和劳动能力享有的利益。我国保险法承认的对人身保险的被保险人拥有保险利益的人员主要是本人或经被保险人同意的家庭成员。

四、案例

工程领域的保险利益是比较复杂的。下面是A公司为其下属企业投保施工机械设备损坏保险过程中发生的与保险利益相关的案例。

2000年4月6日，香港A公司向P保险公司在香港的代理机构填写了《施工机械设备损坏保险投保申请书》，为其在深圳的子公司Z的机械设备投保。Z公司是在1999年6月由全资控股母公司的K公司将其全部股权转让给了A公司。该保单的保险金额为1404万港元，被保险人为Z公司，保险期间从2000年4月6日到2001年4月6日。A公司交纳了保险费。在投保之前，Z公司季节性停工，仅留几名员工看管财产。2000年6月5日凌晨，Z公司首层厂房发生火灾，经在场人员及时扑救，消防员赶到时火已经被扑灭。公安人员认定是纵火，但未查获纵火人。消防人员现场勘查证实厂房内安有自动消防喷水系统。投保人投保时，声称装有警报系统和安全保障系统。事故发生后，A公司向P保险公司提出索赔要求。在P保险公司对Z公司的理赔调查过程中发现，K公司与A公司的股权交易并未经过工商管理部门办理变更登记该公司的工商登记资料显示其母公司一直是K公司。P保险公司出具了《拒赔通知书》。

由上述的保险案例可以看出，虽然通过产权交易，Z公司的全部股权转让给了A公司，但是由于K公司与A公司的股权交易并未经过工商管理部门办理变更登记，该产权交易在法律上是不承认的，所以Z公司的股权仍属于K公司，而A公司不拥有Z公司的股权。并且从实际情况看，A公司对投保的施工机械设备也没有实质的使用权和其他经济利益关系，因而投保人A公司对投保的Z公司的施工机械设备不具有保险利益，Z公司也就不享有保险赔偿金的请求权，P保险公司也有权拒绝赔偿。

第二节 工程保险标的

一、工程保险标的含义

我国《保险法》定义的保险标的是指作为保险对象的财产及其有关利益或者人的寿命和身体。保险标的表现为各种财产、经济责任、人身健康和人的寿命等。比如在家庭财产保险中，保险标的是各种家庭财产；在雇主责任险和职业责任险等责任保险中，保险标的是被保险人可能承担的各种经济赔偿责任；在人身保险中，保险标的则是被保险人的健康状况或者是他的寿命。保险标的是规定保险双方权利和义务的参照物，是投保人或被保险人享有保险利益的物质载体。在保险中，只有存在保险标的特定的保险利益的载体，投保人或其他关系人才能享有保险利益。没有保险标的，也就没有保险利益。因此，保险标的和保险利益是密不可分的，保险标的是保险利益的客观载体，而保险标的又以保险利益为前提，只有投保人对标的具有保险利益才可以投保，成为保险标的。

工程保险标的是指建筑工程保险合同约定的保险事故发生的客体和对象。工程保险标的是各类具有保险利益的工程项目和施工设备以及各种民事赔偿责任等。比如正在建设和安装的道路、桥梁、楼房，各种工业设施和施工现场的建筑材料、施工机械等，雇主对雇员在受雇期间因工作意外导致伤残、死亡、职业病等应当承担的经济赔偿责任，或者已建成但在保险期限内的工程项目等都可作为保险标的。但不是所有的建筑安装工程及其他设施都可以投保。能够作为保险标的投保的必要条件是投保人对保险标的具有可保利益。我国保险法对此作出了明确规定。

在建筑工程保险合同中，关于保险标的的规定是合同中必不可少的内容。清晰而准确地界定保险标的，可以更准确地评价工程风险种类、程度及其可能导致的损失，并且使保险金额、保险责任范围和保险费等合同条款要素的确定更加客观、合理。工程保险标的主要分为两大类：一类是建筑工程一切险的保险标的；另一类是安装工程一切险的保险标的。

二、建筑工程一切险的保险标的

建筑工程一切险（简称建工险）的保险标的范围很广，一般分为物质损失项目和第三者责任两大类。一般情况下，为了明确保险责任，确定保险金额，建工险的保险标的在保单明细表上分保险项目列出，通常分为物质损失和第三者责任两部分。这里就从物质损失项目和第三者责任两个方面介绍建工险的保险标的。

（一）物质损失项目

建筑工程一切险的主要保险标的就是建筑工程的物质损失项目。该类保险标的为各种物质实体，并且是与建筑工程施工有关的物质，主要包括如下五项。

1. 在建的建筑工程

在工程保险中，在建的建筑工程通常是主要保险标的。如在投保的桥梁工程中，在建的桥梁和附属设施是主要保险标的。又如在投保的民用房屋建筑和一般工业建筑中，在建的房屋结构是主要保险标的。

2. 施工用的物料和构件

一般工程都是野外露天施工，建筑材料和构件等一般都放在施工现场，被盗失、损坏的风险是存在的，因而也成为了建工险的保险标的。

3. 建筑用机器、设备和工具

同施工用的物料和构件一样，建筑用机器、设备和工具一般也放置在施工现场，并且在施工使用过程中，可能遇到地震等自然灾害及操作不当、空中坠落等意外事故，所以有的建工险保险合同将这三项也列为保险对象。

4. 工地内临时搭建的建筑

这是指工地工人休息用的工棚、储存建筑材料用的临时仓库等。这些临时建筑照例是建工险的保险标的。

5. 所有人和承保人在工地上的其他财产

在具体的建工险承保项目中，根据工程的具体情况和投保人的投保要求，可以将不属于上述四类之内但是具有可保利益的其他物质损失项目作为保险标的。

上述五项物质损失项目的保险价值构成了建筑工程保险物质损失项目的总保险金额。

（二）第三者责任

第三者责任是除物质损失项目之外建筑工程一切险的另一项重要保险标的。建工险的第三者责任的承担主体通常是工程业主或承包商。第三者责任具体是指在保险有效期内，因发生意外事故造成工地附近及邻近地区的第三者人身伤亡或财产损失，依法应由被保险人承担的民事赔偿责任和因此而支付的诉讼费及经保险人书面同意的其他费用。建筑工程保险的第三者责任是被保险人对在建筑施工或使用过程中，因意外事故给第三方造成财产损失或人身伤亡而应承担的赔偿责任。在工程施工中，经常会出现因钻孔而把周围居民的房屋的墙壁震出裂缝，空中坠落的砖块、工具等砸到行人等，承包商应依法对第三方受害者承担经济赔偿责任，这种赔偿责任就是第三者责任。在建工险中，第三者责任赔偿采取限额赔偿方式，也就是在订立保险合同时，就设定保险人赔偿的最高限额。

（三）建筑工程一切险保险标的实例

这里以二滩工程Ⅰ、Ⅱ标的建筑工程一切险保险标的为例说明工程保险标的构成。二滩工程Ⅰ、Ⅱ标的建筑工程一切险保险标的分为两部分。一是物质损失，包括永久工程、业主提供的永久设备和材料、承包商进场的施工设备和临时设施。这里的永久工程是指满足业主最终用途的工程。二是第三者责任，是指被保险人因施工过程中发生的意外事故造成工地及邻近地区的人身伤亡或者财产损失等而承担的经济赔偿责任。这里的第三者包括工程现场以外的人和业主方、承包商方派驻施工现场的工作人员。

三、安装工程一切险的保险标的

安装工程保险标的的构成与建筑工程标的相似，也分为物质损失项目和第三者责任两类。第三者责任所包含的内容和保险限额规定与建工险相同，但物质损失的内容有所不同。安装工程一切险物质损失项目包括安装项目、土木建筑工程项目（一般不在安装工程内，但可在安装工程内附带投保，其保险金额一般不超过整体安装工程保额的 20%）、场地清理费、安装工程用机器设备（其保险金额按重置价值计算）及所有人或承包人在施工场地上的其他资产。

仍以二滩工程为例。二滩工程标的安装工程一切险的保险标的主要是物质损失，包括合同工程及业主提供的永久设备和材料、地下施工机具、承包商生活办公营地、施工设施零部件车间、业主提供的机电设备转运。其特种风险赔偿范围与I、应是表示二级的那个符号标建筑工程一切险保险标的类似。第三者责任保险含在主险中。

四、其他工程保险险种的保险标的

除了上述两种一切险，工程保险险种还有机器设备损坏险、机器设备利润损失险、雇主责任险、职业责任险、人身意外伤害险等。这些险种及其保险标的如下所述。

①机器设备损坏险一般是作为依附在主保险单之上附加保险投保的。该附加险承保因设计失误、制造缺陷、电路故障、工人违规操作而造成的机器设备的损坏。机器设备损坏险的保险利益依附的就是投保的机器设备，因而机器设备就是该险种的保险标的。

②机器设备利润损失险一般也作为附加险依附于主保险单。机器设备利润损失险的保险标的与机器设备损坏险相同，也是被保险的机器设备。

③按照劳动法规的规定，雇主应对雇员在受雇期间因工作意外导致伤残、死亡、职业病等承担的经济赔偿责任，这是雇主责任险。为了转移这种经济赔偿风险，雇主可以向保险公司投保雇主责任险。其保险标的就是雇主应该承担的特定的经济赔偿责

任。例如，某承包商为临时雇佣的工人投保了一年的意外伤残和死亡保险。保险合同规定，如果在施工中发生保险合同规定的风险事故，导致被保险的工人出现疾病、残疾或死亡的，保险公司将负责赔偿。因此该险种的保险标的就是被保险的工人的健康和生命。

④职业责任险承保工程设计和施工的法人单位因工作疏忽或过失导致工程质量事故发生，会造成物质损失或第三者损害，由此而承担的经济赔偿责任的险种。职业责任险的保险标的就是这种经济赔偿责任。

⑤人身意外伤害险是保险人对被保险人因遭受意外而导致伤残、死亡、支付医疗费、暂时丧失劳动能力等的经济赔偿。因此人身意外伤害险的保险标的是人身健康或寿命。

第七章　建筑工程保险合同及其风险管理

建筑工程保险合同是建筑工程保险的核心内容，关于建筑工程保险的创新、展业、索赔和理赔等都是围绕保险合同而展开的。本章主要介绍常见的工程保险险种的主要合同文本条款、关键性保险条款的条款要素和表达形式、建筑工程保险投保的技巧以及建筑工程保险合同的管理策略。

第一节　保险合同概述

一、保险合同的含义

我国《保险法》对保险合同的概念有明确界定：保险合同是指投保人和保险人约定保险权利义务关系的协议。目前的保险险种很多，因而保险合同的种类也很多，不同种类的保险合同条款的内容也不同。迄今为止，我国保险学界对商业保险合同的分类尚不统一，其中一种比较普遍的分类是按照保险标的性质将保险合同分为三大类：第一类是人身保险，包括人寿保险、健康保险、人身意外伤害险；第二类是财产保险，包括财产损失保险和责任保险；第三类是信用保险和保证保险。

二、保险合同的形式

我国保险法规定只要投保人提出要求，保险人就必须同意承保，并就合同条款达成协议，保险合同就直接宣告成立。但是，在实际操作中，必须采用一定的形式证明保险合同成立。就财产保险而言，目前普遍采用的是具有保险合同效力的书面协议包括投保单、保险单、保险凭证、暂保单、批单。保险合同的五种形式的类比如表 7-1 所示。

表 7–1　保险合同的五种形式的类比

合同形式	别称	合同成立条件	法律效力
投保单	要保单 投保申请书	经保险方签章	等同于正式的保险合同
保险单	保单	双方签章认定	正式的保险合同
保险凭证	小保单	经保险人签发	等同于正式的保险合同
暂保单	一	经保险人签发	等同于正式的保险合同
批单	一	由保险人签发	与保险合同抵触的，以批单为准

1）投保单，又称要保单或投保申请书，是投保人申请投保的法律文件。我国《财产保险合同条例》第五条规定：投保方提出投保要求，填具投保单，经与保险方商定交付保险费办法，并经保险方签章承保后，保险合同即告成立，保险方应根据保险合同及时向投保方出具保险单或保险凭证。在保险期内发生保险事故，保险人就必须承担保险责任，不得以尚未出具正式保险单为理由拒赔。

2）保险单又称保单，是合同双方签订正式保险合同的书面凭证。保险单是保险合同的正式文件，是投保人或被保险人索赔的重要依据，也是保险人确定理赔责任的重要依据。

3）保险凭证也称小保单，是证明保险人已经签发保险单、保险合同已经成立的凭证。

4）暂保单是保险人签发正式保险凭证前出立给投保人或被保险人的一种临时性保险凭证。暂保单具有与保险单同等的法律效力。预约保险合同是一种长期性合同，可就保险内容进行相关约定。

5）批单是在对保险合同内容进行修改、补充时，由保险人出立的单证批单内容也是保险合同的重要组成部分。当两者相抵触时，以批单内容为准。

第二节　建筑工程保险合同概述

目前有很多保险专业书籍都将工程保险划归财产保险的范畴，把它看作是一种财产险种。但从国外对建筑工程保险的界定和当前工程保险实务的发展现状来看，应将建筑工程保险的范畴外延，所有与工程项目施工有关的险种都应属于工程保险。这种界定能够促进保险公司在更广阔的范围内进行工程保险险种的创新。因此，本书重新界定了建筑工程保险合同的概念。

建筑工程保险合同即是保险人与业主、承包商等工程参与方就工程项目有关的权利义务所达成的协议。

一、建筑工程保险合同的特点

建筑工程保险合同除了具备诚信性、双务性、附合性、法律性等基本特征外，还具有补偿性和射幸性的特点。所谓补偿性是指只有当被保险人的保险标的在保险责任范围内遭受损失时，才能获得赔偿，并且以实际发生的损失额或保险金额为补偿上限。建筑工程保险合同的射幸性是指保险标的在保险责任范围内遭受损失时，被保险人可以获得超过其已交纳保费的赔款，但是如果在保险期内未发生事故，则被保险人得不到赔偿，并且也不会退回已交的保费（除合同中特别约定外）。也就是说，被保险人交纳保费与保险人未来可能给付保险赔偿是一种平等关系，但它是建立在单笔保险业务所收和所付金额不等基础上的。这就是建筑工程保险合同射幸性的具体体现。

二、三峡工程保险批单

为了了解建筑工程保险合同的一般内容，下面以一份三峡建筑工程保险合同为例。这份批单是由中国长江三峡工程开发总公司和中国人民保险公司宜昌分公司出立的单证。该批单是对原保险合同内容的变更或补充，主要是针对合同保险项目增添和保险金额增加而出立的批单。

三峡工程建筑工程保险批单

被保险人：中国长江三峡工程开发总公司　　**原保险合同号码**：96001号

批单号码：9903号

鉴于被保险人已将永久性船闸工程（简称永船）投保建筑工程保险，保险合同所附《水利水电站建筑、安装工程保险条款》第十三条规定：本保险单的要素如有变化（如保险项目增减、工程期限缩短或延长、保险金额调整等），被保险人应及时书面通知本公司，办理批改手续。根据以上规定，对永久性船闸增保1998年、1999年部分变更项目，调整保险金额，并补交保险费。

一、变更明细表

增加项目	增加金额
永船一期对穿锚杆、随机锚杆	24 979 334.00元
永船二期对穿锚杆、随机锚杆	24 393 222.00元
永船高强锚杆防腐	8 254 836.84元
永船电绳、分流槽、保护层	12 247 144.79元
永船正向进水口	30 672 968.67元
合 计	100 547 506.30元

二、新增保险金额

以上五项合计保险金额为：100 547 506.30元；

现场清理费保额为：100 547 506.30 × 5%=5 027 375.32元；

第三者责任及交叉责任险赔偿限额：3 016 425元。

以上为各项金额与原保险合同相加，构成永久性船闸总的保险金额或赔偿限额。乙方按调整后的保险项目和保险金额履行赔偿义务。

三、保险费

工程保险费：100547506.30 × 4.8‰ =482628.03 元；

现场清理费保险费：5027375.32 × 4.8‰ =24131.40 元；

保险费合计：506759.43 元，大写：伍拾万零陆千柒百伍拾玖元肆角叁分。

四、其他

该批单为96001号永久性船闸保险合同的组成部分，未尽事宜，与原保险合同一致。

甲方：中国长江三峡工程开发总公司

乙方：中国人民保险公司宜昌分公司

代表：　　　　　　　　　　代表：

一九九九年 月 日　　　　　一九九九年 月 日

第三节　建筑工程保险合同要素

建筑工程保险合同管理对于保险人和被保险人来说，是工程保险实务操作的核心之一。明确建筑工程的保险合同要素有益于合同当事人清楚自身的权利与义务，顺利签订建筑工程保险合同。清楚地规定合同各要素，也有利于减少当事人在履行合同过程中的争议问题。建筑工程保险合同要素包括主体、客体和内容三要素。

一、建筑工程保险合同主体

建筑工程保险合同主体是与合同发生直接或间接关系的人，包括保险人、投保人、被保险人、受益人、保险代理人和保险经纪人等。

（一）保险人

保险人是指经营建筑工程保险的保险公司，是合同的签约人之一，也是重要的合同主体之一。保险人主要是根据保险合同收取保费，并按合同规定的责任范围承担灾害事故所致经济损失的给付责任。由此看来，保险人是工程风险的经营者，工程保险经营本身就蕴含着一定风险。为了将保险人经营风险控制在安全范围内，世界上多数国家都对保险人在设立资格、营业范围、基金运作等方面作了严格规定。保险人必须经政府批准，并且还要满足一定条件，才能获准营业。我国经营建筑工程保险的保险公司主要有中国人民财产保险股份有限公司、中国太平洋保险公司和中国平安保险公司。三家保险公司形成了财产保险市场三足鼎立的局面。

1. 中国人民财产保险股份有限公司

中国人民保险公司于1949年成立，至今已发展成为了国内最大的经营人寿保险以外保险业务的保险公司。它的注册资本77亿元，全国设有分支机构4500多家，经营险种300多个，每年为国内外保户承保风险38000多亿元。

2. 中国太平洋保险公司

中国太平洋保险公司是我国最早设立的一家股份制综合性保险公司，它已成为继中国人民保险公司之后的第二家全国性、综合性的大公司。

3. 中国平安保险公司

该保险公司经营各类财产险种、责任保险和人身保险，推出了近百个险种。公司在全国20多个省市设有分支机构，在美国、英国等国家和地区也设有分公司或代理处。

（二）投保人

投保人又称保户，是以保险标的向保险人申请保险、负有交纳保费义务的人。在工程保险险种中，既有投保人与被保险人一致的、也有两者分离的情况。比如，建筑工程一切险和安装工程一切险的投保人和被保险人，在多数情况下是一致的。建筑工程保险的投保人一般包括业主、承包商、分包商。人身意外伤害险、十年责任险和两年责任险等责任险中，投保人和被保险人是不一致的。

（三）被保险人

被保险人是保险合同保障对象。比如建筑工程一切险的被保险人是业主或承包商，雇主责任险的被保险人是雇主。

（四）受益人

受益人也叫保险赔偿金受领人，是合同约定的有权享受保险合同利益的人。受益人一般在保险合同中说明，由被保险人指定。

（五）保险代理人

保险代理人是代理保险人从事具体保险业务而向保险人收取佣金的人。代理人应根据保险人委托的业务范围和代理权限进行代理业务。其代理业务范围包括宣传保险、接受承保、签发保险凭证、处理索赔案件等。目前，我国工程保险业务代理不如人身保险的代理活跃，代理人队伍也不如其壮大。我国若要发展工程保险市场，还需要有一批既懂得保险知识、又懂得工程知识的代理人队伍。

（六）保险经纪人

保险经纪人是投保人的代理人，从投保方的利益出发，代其投保、签订保险合同、索赔等。保险经纪人应该既熟悉保险业务，又了解保险市场，能够为投保人选择合适的保险人。

二、建筑工程保险合同客体

建筑工程保险合同客体是指保险合同各主体通过保险交易活动所要解决的实体问题，也就是投保方对保险标的所具有的保险利益。

我国保险法第十二条第2项将保险利益定义为：保险利益是投保人对保险标的具有法律上承认的利益。该定义包含两层意思：一方面保险利益由投保人享有；另一方面是法律上承认的利益。保险利益是以保险事故发生后保险标的遭受损害为准，保险利益归属于投保人。

保险标的和保险利益是密不可分的，两者共同构成了保险合同客体。在保险双方商议签订保险合同时，必须遵循保险利益原则。只有投保人对保险标的享有保险利益，投保人才可以投保。也就是说，只有保险标的因保险事故发生的损害给投保人造成了经济损失，才能得到保险公司的保险赔偿金。如果不强调保险利益原则，只要保险标的损害，投保人就可以在保险标的损害没有给他造成任何损失的情况下获得赔偿，那么很容易诱发投保人为了获得保险金而故意促成保险事故发生的道德风险，而且没有损失就可以获得赔偿也违背了保险的损失补偿原则。因此如果投保人对保险标的不具有保险利益，投保人是不能和保险人签订保险合同的，即使签订了保险合同，保险人也有权解除。在强调保险利益原则的同时，也必须重视保险标的。保险标的是保险权利和义务规定的参照物。如果保险标的不明确，建筑工程保险合同的许多重要条款就都不能确定，比如保险费率缺少厘定依据、保险责任很难界定清楚等，从而很难建立建筑工程保险合同关系。

三、建筑工程保险合同内容

建筑工程保险合同内容是建筑工程保险合同要素的重要组成部分。目前工程保险业界存在三类与工程建设安装有关的险别，每种险别合同形式不尽相同。

（一）以在建工程为主要保险标的的保险合同内容

1. 保险条款

保险条款是反映保险合同内容的条文，是保险合同内容的载体。保险条款的种类很多，除了国际通用的条款外，不同国家也有自己的保险条款，而且不同险种的保险条款也是不同的。在一般情况下，保险条款分为基本条款、法定条款、选择条款、附加条款、特约条款和保证条款等。

2. 保险金额

保险金额是保险人对被保险人进行经济补偿的最高给付限额，同时也是保费的计算依据。保险金额的确定一般以保险价值为基础，以保险标的重置价值、账面价值、市场价值、实际价值或平均余额作为保险金额。工程保险属于系列财产保险，应在保单中列出财产项目清单及其保险金额。保险金额的确定，从理论上讲，应以工程的重置成本为基础，并考虑被保险人的实际需要和承保范围等因素，经保险双方协商来确定保险金额。在工程保险实务操作中，建筑工程一切险和安装工程一切险的保险金额初步按合同价或概预算造价拟定，待工程竣工决算后，需要按工程决算数调整保险金额。例如，二滩工程Ⅰ、Ⅱ标的物质损失保险金额是这样计算的：合同工程和业主设备及材料按照重置价值的 115% 计算保险金额，施工设备和临时设施以完全重置价投保；第三者人身伤亡及财产损失按合同规定的赔偿限额计算保险金额。

在保险合同中，与保险金额紧密联系的另一个概念是保险价值，是以货币衡量的保险标的的市场价值。在非人身保险中，保险价值是确认保险金额的基础。世界上有许多国家包括我国的保险立法皆规定保险金额不能大于保险标的的保险价值。但是也有一些国家可以允许签订超额保险合同。比如，美国的伞险就是一种提供超出保单保险限额的险种。该险种的承保范围非常广，包括雇主责任险、执业责任险、机器损失险、机动车辆险等等。

3. 工程保险期限

保险期限是保险双方当事人行使权利和履行义务的起讫时间。在保险期限内发生保险事故，并给被保险人造成损失的，保险人才进行赔偿。财险保险期限一般为一年，但建筑工程保险的保险期限比较特殊，一般以工程保险标的工程风险的存续期为限，以建筑工程一切险来说，保险期限主要分为五个阶段。一是制造期，以承保工程所使用的设备、制成品和原材料的潜在缺陷风险为保险标的，承保其在工程主工期内的损失风险。二是运输期，指主要工程材料或设备运往施工工地的运输期间，以扩展方式承担内陆运输风险，作为附加险，保险责任和除外责任与主险是一致的。三是建筑安装期，是建工险的主保险期。此期保险责任开始时间是以保险工程破土动工之时或材料设备运抵工地之时确定，且以先发生者为准，但不得早于保单规定的合同生效日期。保险责任终止时间以工程所有人对部分或全部工程签发验收证书或验收合格之时或者工程所有人实际占有、使用或接受全部或部分工程之时确定，且以两者中的较迟者为准，但不得晚于保单规定的合同终止日期。四是正式投入生产使用前进行试车运营期间。五是保证期。一般工程承包合同规定，在工程建成交付使用后的一定时间内，因为出现建筑安装质量问题而造成损失的，承包商负有修复或赔偿责任，这一期限为承包商应负责任保证期。为了满足承包商要求，保险人可以扩展形式来承保工程保证期风险。例如，中国人民保险公司的建筑工程一切险，规定物质损失及第三者责任的保险期限为：在工地动工或用于保险工程的材料、设备运抵工地之时起始，至工程所有人对部分或全部工程签发完工验收证书或验收合格，或工程所有人的实际占有或使用或接收该部分或全部工程之时终止，以先发生者为准。

4. 保险费率

保险费率即是保险价格，是一定时期保险费与保险金额的比例关系。保险费率又称毛费率，由纯费率和附加费率一起构成。纯费率是纯保费与保险金额之比。纯保费是用于补偿保险公司期望赔付支出的费用。从理论上讲，纯保费应等于公司期望赔付成本，即 P=E[S]，S 代表赔付成本的随机变盘。但是，如果保险人仅向投保人收取纯保费的话，保险人实际运营总支出必然超出纯保费收入，直接导致亏损。因此在纯保费率之外，还需要加征附加费率。附加费率是附加保费与保险金额之比。附加保费包括安全附加和费用附加。

单笔保单的损失分布和赔付规律的偶然影响因素比较多，不具有统计意义。因而，需要将保单进行分类，进而形成相对同质的保单集合。例如，对于工程保险中的建筑工程一切险保单，可以按照承保工程的风险状况的相似性，将保单分类组合，形成相对同质的保单组合。

但在实际工程保险实务中，同质性的保单很少，多数是变异性保单集合。这种变异性主要表现为各保单承保标的风险程度的差异。在一般情况下，每份保单期望的赔付成本与风险规模成正比。对于异质性保单集合的纯费率，可以用保单集合的期望总赔付成本与风险规模之比求得。工程保险保单的风险规模可以用保险金额表示。

纯保险费率一般与以下三种因素有关：一是保险事故的发生频率，是指某一保单集合中的保险事故发生的次数与保险标的数目的比率，该比率表示每百件保险标的发生保险事故的次数；二是保险事故的损毁率，是指某一保单集合中的受损保险标的数目与保险事故发生次数的比率；三是保险标的损毁程度，是指某一保单集合中的受损保险标的总赔款额与其保险金额的比率，表示受损标的价值减少的百分比。以上三种因素与纯保险费率均呈现正向相关关系。

在工程保险实务中，保险人计算并向投保人收取保费时，一般会从两个方面考虑承保风险：一是风险的期望损失，即以风险损失赔付期望计算的纯保费部分应考虑的风险；二是损失的实际值超过期望值的程度，即纯保险费所包含的风险以外的、实际损失随机变动的风险。纯保费只补偿了风险的期望损失，但是风险损失是随机的，这部分风险应该给予补偿。因此，当实际损失超出期望损失时，应对超过部分提取安全附加。考虑安全再附加后的保费称为风险保费。

为了解决附加费用提取不合理的问题，非寿险精算理论提出将费用附加隐藏的方法，比如均衡附加法和线性附加法。然后是利用保险费率厘定的假设缺少现实的基础。上述保险费率厘定原理主要是基于风险同质性（同质性是指投保标的具有相同或近似的损失期望额和损失分布律，并且各个保险标的遭受损失是独立的）的假设，但是工程风险标的风险规律往往区别很大，而且自然因素或意外事故可能造成多个标的发生连带的损失，因而工程保险标的是不完全的同质性。针对工程风险的非同质性特点，保险人应根据保险标的自身的风险特点和索赔规律，估算应向投保人收取的保费，以便弥补期望索赔成本。经验费率法就是根据投保标的在以往保险期间的索赔经验来调整续期保费的方法。该方法是非寿险领域用于消除风险子集的非同质性而发展起来的一种保险费率估算方法。利用经验费率法估算工程保险费率的基本原理是利用风险分级技术，来选取某些风险分级变量对被保险标的进行分级，将指标特性相同或相似的被保险标的归在一起，从而得到相对同质的风险子集，然后利用贝叶斯方法估计同质的风险子集的索赔频率。在运用贝叶斯定理时，可以根据被保险人的历史索赔经验对索赔频率估计进行调整，从而调整保险费率。

在工程保险实务中，保险费率的厘定除了考虑历史索赔经验外，还要考虑到竞争因素影响。保险市场是竞争的市场，工程保险费率最终应由市场竞争形成。但是目前我国工程保险机制还很不完善，尚不具备工程保险费率市场化的基础条件。我国的保监会（保险监督管理委员会）、建设部等相关部门应根据保险业、建筑业的实际情况，来设计一套可操作性强的工程保险费率厘定规范，并且制定主要工程保险险种的指导性费率。指导性费率的“指导性”包括规范性和自由竞争两方面。“规范性”主要表现为保险公司制定的保险费率一般不应超出指导性费率区间，以防止各家保险公司为了拉拢客户不合理地降低保险费率，搞恶性竞争。“自由竞争”是指在指导性费率区间赋予保险公司自主定价的自由度，保险公司可在该费率区间内自主定价。为了保证指导性费率区间制定的合理性和可操作性，有关部门在制定指导性费率区间时，应充分考虑工程类别、各类工程的风险状态特征和索赔规律等影响因素。

这里以浙江海塘工程的保险费率厘定为例说明我国工程保险实务中的费率厘定情况。

（1）浙江省海塘工程概况

台风暴潮灾害是浙江沿海最主要的自然灾害。从1992年开始，有关部门就进行了海塘建筑工程保险的探索和实践，并取得了一些经验。通过对历史台风暴潮灾害中海塘损毁情况的研究，再结合当前标准海塘的防御能力，最后分析计算了高标准海塘遭受台风暴潮损毁的概率及损毁率，提出了50年一遇高标准海塘工程的保险费率。

在1992年到2000年的9年中，浙江海塘工程投保比例基本稳定在百分之十几，总保险理赔额高于保费收入。从投保人利益的角度看，投保建筑工程保险的收益（保险赔款）大于支出（保费）。在浙江海塘工程中，工程保险确实发挥了防损减灾、分散风险的作用，同时也积累了丰富的工程保险经验。

（2）浙江海塘工程保险费率厘定的基本思路

首先，对海塘灾害损失历史数据进行研究，从中找出适用于海塘保险研究的数据和资料；其次，对海塘工程结构分类，根据海塘结构特点和分布情况，得出了各类结构的易损性结果；最后，计算海塘损毁率，并以此为基础计算工程保险费率。

浙江海塘工程保险费率厘定过程主要分为三个步骤。

1）海塘损毁情况分析在遭受“9417”和“9711”号强台风暴潮袭击后，对浙东沿海海塘损毁情况进行了调查。从损毁情况分析，海塘综合损毁率在22.09%到22.70%之间（计算式为：综合损毁率=(全毁长度X损毁率+严重损毁长度 × 损毁率+一般损毁长度X损毁率)÷浙东海塘全长1732km)。海塘损毁的原因有二：一是台风暴潮超过沿海海塘的防御能力，台风袭击时浙东沿海最高潮位已超过当时海塘的塘顶高程（一般为6.50~7.00m）；二是海塘不够坚固，全毁的为一般海塘，严重损毁的为老标准海塘，新标准海塘仅为一般损毁。

2）标准海塘损毁率的估算通过分析“9417”“9711”号强台风袭击时浙东沿海的潮位和浙东沿海历史最高潮位，以及浙东沿海不同设计频率的高潮位和浙东沿海目前海塘塘顶高程可以看出，浙东沿海历史高潮位相当于20~50年一遇设计高潮位，并基本出现在“9417”和“9711”号强台风中。经过分析可知，防御能力为10~20年的海塘在遭遇“9417”、“9711”号强台风时，遭受了20~50年一遇的高潮位的袭击。在此情况下的海塘的损毁率在22.09%至22.7%之间，而目前浙东海塘按新标准50年一遇设计，实际塘顶高程都超过 100 年一遇设计高潮位 50cm 以上，再加上防浪墙，可以认为在遭受 100 年一遇特大台风暴潮时才会损毁，并且损毁的程度也将大大降低，估计全省损毁率不会超过 15%~20%，取平均损毁率为 17.5%。

3）海塘保险费率的确定由以上计算得到，当前 50 年一遇新标准海塘在遭遇 100 年一遇特大台风暴潮时遭到破坏的概率为 1%，全省平均损毁率为 17.5%。那么，50 年一遇新标准海塘净保险费率 [τ] 是全省平均损毁率（S）与海塘遭到破坏的概率（P）的乘积，即 τ=S×P=17.5%×1%=0，175%。考虑保险机构经营海塘工程保险业务的费用，按照有关规定，附加费率取 20%，则综合保险费率应为净费率的 120%，故 50 年一遇新标准海塘工程保险费率：

$$R=\tau\times120\%=0.21\%$$

从浙江海塘工程保险费率厘定过程可以看出，该工程沿用了一般的工程保险费率厘定方法和费率厘定程序，遵循了工程保险费率厘定的一般规律。但是，其费率厘定仍存在不合理之处。比如，在 50 年一遇新标准海塘工程保险费率的厘定过程中，净费率的厘定比较合理，但是总费率计算是按照净费率乘以 120% 而得到，在净费率基础上，再附加 20% 的费率是否合理是值得商榷的。按照非寿险精算原理，20% 应属于安全附加率和费用附加率，这两个比率选取得是否合理也将影响工程保险费率的合理性浙江海塘工程投保的 9 年中，保险理赔额远远超过交纳保费，说明该工程保险费率明显偏低。浙江海塘工程应采取经验费率法修正附加费率，应根据保险标的的历史经营数据和实际的风险赔付规律，估计实际风险损失超过期望赔付成本的程度和概率，计算费用附加率和安全附加率。

5. 保险费

保险费指投保人按一定的保险条件取得保险人的保障而应交纳的价款。保险费表明了保险产品的价格。一般财险险种的保险费与三个因素有关，即投保方转嫁风险大小、转嫁期间长短及投保方要求的保障程度。保险费的计算公式为：

工程保险保费 = 保险金额 × 保险费率

工程保险保费与投保方要求的保障程度成正比。保单规定的保险项目越多，保险责任范围越宽且保险金额就越大，意味着保险提供的风险保障程度越高，则保费就要相应增加。此外，如果保险标的的风险程度增加，说明潜在的风险转移的可能性增加，则需提高保险费率。总之，保险金额和保险费率是影响工程保险保费的两个重要因素。

6. 保险责任和除外责任

建筑工程保险的保险责任是指在保险合同中约定的保险人对被保险人应承担赔付责任的事故及其所造成损失的范围。与保险责任紧密联系的另一个概念是除外责任，除外责任是指在保险条款中规定的保险人不负赔偿责任的各种事故及其所造成的损失范围。

保险责任（Y）和除外责任（N）存在特定逻辑关系：一种是矛盾关系，即除外责任以外的责任属于保险责任，保险责任之外的责任属于除外责任，两者之间关系如图 7-1 所示；另一种是对立关系，但两者之间存在逻辑空隙，即保险责任和除外责任都没有明确规定的责任。许多保险纠纷就源于这种可游离的缝隙（P），如图 7-2 所示。

图 7–1　两者之和等于所属概念外延　　图 7–2　两者之和小于所属概念外延

关于保险责任和除外责任的逻辑列示，建筑工程保险合同一般有三种形式。第一种是列举式，即列举承保，其他的一切除外。保险合同直接列出全部保险责任，没有列出的原因导致损失的，保险人不予赔付。一般情况下，保险人为了锁定承保风险，可以采用列举承保的方式。如三峡水电站安装工程一切险，直接列举各种自然灾害和意外事故作为保险责任，未列明的责任，则保险公司不负责赔偿。第二种是除外式，即列出不予保险的责任，除此之外都是保险责任，这是一种间接列示保险责任形式。对于发展比较成熟的险种，或者保险人承保比较有信心的业务，可以采用这种列举除外责任的形式。如中国人民保险公司的一份建筑工程一切险的保险责任就采用这种列举除外责任的表达形式。在保单明细表中，逐项列举了不予承保的具体项目，并且保险责任条款规定，在保险期限内，若本保险单明细表中分项列明的被保险财产在列明的工地范围内，因本保单的除外责任以外的任何自然灾害或意外事故造成的物质损坏或灭失，本公司按本保险单的规定负责赔偿。除了除外责任所列项目的其他项目都属于保险责任，保险人负责出险后的损失赔偿。另外，二滩建筑工程保险的保险责任也采取这种表达方式。保单逐一列示除外责任项目，列明除外的一切责任属于保险责任范围。第三种是混合式，既直接列举保险责任，又列举除外责任，未列明责任通常则不属于保险责任。但也有特例，有些合同的保险责任条款既逐项列出除外责任，又逐项列出保险责任，并且在承保责任列项的最后一项说明："除外责任以外的其他不可预料的自然灾害和意外事故。"也就是说，该保单就把保险责任和除外责任之外的未列明的灾害事故作为承保责任。目前，我国的工程保险发展还处于探索阶段，工程项目的承保情况也很复杂，一般采用混合式列举保险责任的逻辑表达形式比较好，既可以将风险锁定在确定的范围，也可以避免因承保责任和除外责任界定不明而发生纠纷问题。

在了解了工程保险责任的逻辑表达形式后，再来看承保责任和除外责任的具体内容。可以发现，承保责任分为条款责任和附加条款扩展责任。条款责任是保险合同主条款规定的承保责任，而附加条款扩展责任是在保险双方当事人达成的基础上，设置附加条款，扩展保险责任范围。工程保险主条款的保险责任一般是承保因下列各项风险而造成的损失：一是自然风险引发的保险责任，是人类不可抗拒的风险，属于工程保险绝对承保的责任，包括地震、雷电、暴雨、泥石流、洪水、暴风等；二是意外事故引发的保险责任，包括火灾、施工过程意外、爆炸、飞行物坠落等，其中的施工过程意外包括电弧、走电、短路、超负荷、大气放电等；三是第三者责任而引发的保险责任，是指因保险责任事故而造成第三方的人身伤亡和财产损失，被保险人依法应承担经济赔偿的责任，比如被保的建筑物发生倒塌，造成施工场地周围的除被保险人以外的第三方人身伤亡和财产损失；四是道德风险引发的保险责任，包括工人故意或恶意违反施工操作规程和破坏行为导致保险标的损失的，以及原材料缺陷或施工工艺不善导致保险标的发生事故造成其他保险标的损失的保险责任。这里只负责赔偿其他保险标的的损失，而原材料缺陷或施工工艺不善致损的保险财产本身不负责赔偿。

除外责任是指不在合同承保责任范围内的原因造成的事故损失，保险人不负责赔付。在建筑工程保险的除外责任中通常包括以下 13 种情况：

①被保险人的故意行为及重大过失引起的损失或责任；

②战争、敌对行为、武装冲突引致损失；

③核辐射或放射污染引致损失；

④机器、设备及材料的自然磨损、氧化；

⑤事故所引起的间接损失；

⑥文件、图表、账册、现金的损失；

⑦货物盘点时的短亏损失；

⑧错误设计引起的损失、费用及责任；

⑨换置、修理或矫正标的本身原材料缺陷或工艺不善所支付的费用；

⑩非外力引起的机械或电器设备装置损坏或建筑用机器、设备、装置失灵；

⑪全部停工或部分停工引起的损失，节假日停工及季节性停工不在此列；

⑫保单中规定的应由被保险人自行负担的免赔额；

⑬建筑工程第三者责任险条款规定的责任范围和除外责任。

以上除外责任的前 7 条是与一般财产保险相同的除外责任，后 6 条是工程保险特有的除外责任。

在当前的保险理论和实务中，会经常出现与除外责任类似的名词——责任免除，两者常常混合使用。但实际上，两者的含义是不同的，通常责任免除涵盖的范畴要比除外责任广泛。

责任免除是指本应由保险人承担保险责任，但由于某种原因予以免除。在工程保险中，责任免除通常有三种形式：一是保险条款的除外责任，以除外责任条款直接列明不予负责赔偿的项目；二是保险条款特别约定责任免除，在除外责任条款之外的其他条款规定责任免除，比如涉及索赔欺诈、未谨慎防灾减损或未履行及时通知义务的，保险公司赔偿责任可免除；三是法律上的责任免除，保险合同虽未作规定但有关法律规定的责任免除。责任免除的主要内容包括事件免除、损失免除和标的免除。事件免除是指政治性风险、投保人或被保险人的道德风险、核风险、设计风险等造成损失的，免除保险人的责任，不予赔偿。损失免除是指超出保险金额的损失、合同约定被保险人自行承担一定金额或比例的损失。标的免除是指合同约定的不在保险责任范围内的标的。

7. 赔偿方式

赔偿方式是指勘估损失后，计算损失赔偿的方式。各险种的赔偿方式是不同的。例如，财产保险赔偿主要有三种方式。首先是第一危险赔偿方式。这种方式把保险标的价值分为两部分，一部分与保险金额相等，视为第一危险，超过保险金额部分则为第二危险。第一危险由保险人负责赔偿，第二危险由被保险人自行负责。目前，中国人民保险公司的家庭财产保险采取这种方式。其次是比例分摊赔偿方式。该方式是按照保险金额与出险时的实际价值的比例乘以实际损失来计算赔偿金额。目前企业财产保险、机动车辆保险均采用这种保险方式。第三种是限额赔偿方式。这种方式是指双方当事人事先约定一个赔偿限额，当财产损失达到实际限额时保险人就给予赔偿。

8. 被保险人义务

规定被保险人的义务实际是在保护保险人的利益。被保险人除了履行交纳保险费义务外，一般保险合同还需要对其作进一步规定。例如，在中国人民保险公司建筑工程一切险合同中，被保险人的义务包括以下内容。

①在投保时，被保险人及其代表应对投保申请书中列明的事项以及本公司提出的其他事项作出真实、详尽的说明或描述。

②被保险人或其代表应根据本保险单明细表和批单中的规定按期交付保险费。

③在本保险期限内，被保险人应采取一切合理的预防措施，包括认真考虑并付诸实施本公司代表提出的合理的防损建议，应该谨慎选用施工人员，遵守一切与施工有关的法规和安全操作规程，由此产生的一切费用，均由被保险人承担。

④在发生引起或可能引起本保险单项下索赔的事故时，被保险人或其代表应立即通知本公司，并在七天或经本公司书面同意延长的期限内以书面报告提供事故发生的经过、原因和损失程度；并且采取一切必要措施防止损失的进一步扩大并将损失减少到最低程度；在本公司的代表或检验师进行勘查之前，要保留事故现场及有关实物证据;在保险财产遭受盗窃或恶意破坏时，立即向公安部门报案;在预知可能引起诉讼时，立即以书面形式通知本公司，并在接到法院传票或其他法律文件后，立即将其送交本公司；根据本公司的要求提供作为索赔依据的所有证明文件、资料和单据。

⑤若在某一被保险财产中发现的缺陷表明或预示类似缺陷亦存在于其他保险财产

中时，被保险人应立即自付费用进行调查并纠正该缺陷。否则，由类似缺陷造成的一切损失都应由被保险人自行承担。

（二）责任险险别的保险合同

这里以责任险险别中的雇主责任险合同为例，来说明责任险险别的保险合同的主要内容。一般劳动合同规定雇员在雇佣期间因工作原因导致伤残、医疗或死亡的，雇主应承担经济赔偿责任。雇主为了降低未来承担雇员意外伤害赔偿的风险，可以把对雇员因工作发生意外伤害而承担经济赔偿责任作为保险利益，投保雇主责任险。该险种是雇主为其雇员投保的，保险受益人为雇员或其家属等。很多国家都推行强制性的雇主责任险，雇主必须为雇员投保。但在我国还是实行自愿投保。该险种的主要合同内容如下。

1. 保险责任

雇员在受雇期间从事与被保险人（雇主）有关的工作时，因工作原因遭受意外而导致伤残、死亡或职业病，应该依据法规或雇佣合同应由被保险人负担的死亡补偿、医疗费、工伤休假工资、康复费用、诉讼费用，由保险人负责赔偿。

2. 除外责任

保险人对于如下原因造成的雇员伤亡不负责赔偿：

①战争或类似战争行为、罢工、暴动、叛乱、核辐射导致雇员伤亡或疾病；

②雇员因疾病、传染病、分娩、流产以及因这些疾病而实施手术导致的伤亡；

③因雇员自我伤害、自杀、犯罪、酗酒等导致的伤亡；

④被保险人的故意行为或重大过失导致其雇员的伤亡；

⑤其他不属于保险责任范围内的事故所致的伤亡。

雇主责任险的保险责任选用的逻辑表达方式是非常审慎的，以列举承保和列举除外相结合的方式规定保险责任，承保责任和除外责任都没有包含的，不属于保险责任。

3. 保险费

雇主责任险要采取预收保费制度。根据被保险人估计的在本保单的有效期内付给其雇佣人员薪金、加班费、奖金及其他津贴总和，计算预付保险费。在保单到期后，被保险人提供保单有效期内实际付给其雇佣人员薪金、加班费、奖金及其他津贴的确认数，据此调整原先预付的保费。保费按照不同工作性质的雇员适用的费率乘以保险期间实际付给雇员工资、加班费等总额之乘积计算。

雇主责任险的费率厘定有两个依据。一是按照不同行业和不同工种的雇员分别制定。对于工作性质相差不大的行业基本适用同一费率，而对于工作性质复杂且工种较多的行业，要按照各个工种的雇员分别制定出适用的费率。另外一个依据是赔偿限额，即是保险人代替雇主承担对雇员伤残、死亡事件补偿的最高金额。在同一工种条件下，费率与赔偿限额成正比关系，赔偿限额越高，费率越高。

对于有附加责任保险的情况，保险费有两种处理方式：一是考虑该附加险责任程度，在雇主责任险基本费率基础上再增加一定比例费率，并统一计算保险费；另一种是按照该附加责任的风险程度确定单独的费率，另行计算，收取保险费。

4. 赔偿限额

赔偿限额是雇主责任险保险人承担赔偿责任的最高限额。赔偿限额按照本保单有效期内付给雇佣人员的薪金、加班费、奖金及其他津贴总和计算。在保险期间，无论发生一起或多起事故，保险人累计赔偿金额都不能超过保险单规定的赔偿限额。

5. 保险期限

雇主责任险的保险期间通常是一年，期满可以续保。但为了满足某些特殊雇佣合同期限需要，雇主也可以按照雇佣合同期限投保不足一年或一年以上的雇主责任险。

6. 被保险人义务

在保险期限内，被保险人应加强安全管理，采取合理措施预防事故发生。如果被保险人不采取必需的防范措施甚至故意造成雇员出险，保险人可视情况减少赔付或拒赔。除被保险人的过失非常严重，在一般情况下，保险人不能以雇主过失而拒绝赔付雇员。

7. 扩展责任

1）附加雇员第三者责任保险该附加条款是承保被保险人的雇员在工作中造成他人人身伤亡和财产损失，并依法应由被保险人承担经济赔偿责任。一旦出险，雇主要承担医疗费、死亡补偿、误工工资等责任，还会影响雇主的经济利益。保险人可以将其作为雇主责任险的扩展责任扩大承保，并另行计算来收取保险费。该扩展责任的赔偿限额一般不超过保单规定的赔偿限额。

2）附加医药费保险有的雇主责任险为了扩大对被雇佣员工的保障范围，在合同中附加医药费保险条款。把主条款的除外责任条款规定的因患传染病、分娩、流产疾病所需医疗费用列入附加医药费保险条款的保险范围，在本附加条款予以承保，并规定医疗费的最高赔付金额每人累计不超过本保单附加医药费的保险金额。

3）附加疾病引起人身伤亡保险由疾病所致雇员伤亡的，一般不在雇主责任险的承保之列。但是有些雇主为了扩大保障范围，要求保险人对这部分责任加保。该附加条款负责承保被保险人因其雇员在保险期间因某些疾病（合同指定承保的疾病种类）而导致人身伤亡所承担的经济赔偿责任。保险人应调查被保险人的雇员的健康状况，评估风险，来计算增收的保险费。

（三）人身保险险别的保险合同

这里以意外伤害险保险合同为对象，说明工程保险中的人身险险别的合同文本内容。

1. 保险费任

保险责任是意外伤害险合同中的实质性内容。关于意外伤害保险责任的表达方式主要有两种：一是列举式，即列举属于保险责任的各种意外伤害，列举方式的优点是保险责任非常明确，不容易发生争议，但是有时很难将保险责任列举完全，故而影响保险效率；二是定义式，即给出意外伤害的定义，这种表达方式的好处是可以全面地概括保险责任内的意外伤害，缺点是不像列举式那样明确，有时是可能因为保险双方对意外伤害定义的理解不同出现争议。该险种的保险责任项目主要包括死亡给付、残疾给付、医疗费给付、停工给付等。在具体保险合同中，可以根据双方商定的选择其中一项或若干项承保。此外，保险责任项目还应明确意外伤害的责任期限，比如被保险人在遭受保险责任范围内的意外事故后，多长时间内伤残或死亡保险人才负责赔偿。

2. 除外责任

对于意外伤害保险，有时保险责任包含的承保事项很多，很难穷举完。为了保证保险责任列举全面，又尽量避免出现歧义，一般是按事件的相关程度把保险责任划分为事件集。以事件集的形式列举保险责任，再把不属于保险责任但容易混淆的事件作为除外责任一一列出。一般因下列原因导致人身意外伤害的，保险人不负责赔偿：

①战争或类似战争行为、罢工、暴动、叛乱、核辐射导致雇员伤亡或疾病；

②因自我伤害、自杀、犯罪、酗酒等导致的伤亡；

③因被保险人的重大过失导致伤亡的。

3. 保险期限

保险期限即保险人承担保险责任的期限。只要被保险人遭受的意外在保险期限内，即使意外伤害造成死亡、残废、支付医疗费等后果不在保险期内，保险人也同样需要承担赔偿责任。但被保险人在保险期限开始前遭受意外伤害，在保险期限内出现死亡等后果的，则保险人不承担保险责任。

4. 保险金额

保险金额即保险人承担赔偿责任的最高限额。人身意外伤害险的赔偿原则是一次意外造成多次伤害或多次遭受意外伤害的全部赔偿金额不超过保险金额为限。保险金额的规定方式有两种：一是按照保险项目单项规定赔偿限额；另一种是按照多项保险项目的总和规定赔偿限额。具体采取哪种形式视合同约定而定。

5. 保险费

该条款应规定保险费的金额和交纳方式。保险费可以按月、季或年交纳，但是一般人身意外伤害的保险期限不超过一年，因此保费应在年内交清。

（四）建筑工程保险的合同文本案例

以下用两个案例说明建筑工程保险的合同文本。

案例一

下面的保险合同是中国人民保险公司天津市分公司承保天津滨海快速轨道交通工程的建筑工程一切险的保单内容。

中国人民保险公司

建筑工程一切险

保险单号：PGGC2002001A3O003

鉴于本保险单明细表中列明的被保险人向中国人民保险公司（以下简称“本公司”）提交书面投保申请和有关资料（该投保单申请及资料被视作本保险单的有效组成部分），并向本公司缴付了本保险单明细表中列明的保险费，本公司同意按本保险单的规定负责赔偿在本保险单明细表中列明的保险期限内被保险人的保险财产遭受的损坏或灭失，特立本保险单为凭。

本保险单内容主要包括明细表、责任范围、除外责任、赔偿处理、被保险人义务、总则、特别条款等。本保险单还包括投保申请书及其附件，以及本公司以批单方式增加的内容。

中国人民保险公司
天津市分公司

明细表

保险险种：建筑工程一切险与建筑工程第三者责任保险

保险人：中国人民保险公司天津市分公司

投保人名称：天津滨海快速交通发展有限公司

被保险人：1）天津滨海快速交通发展有限公司；2）承包商（详见明细）

保险项目：天津市至滨海新区快速轨道交通工程

地域范围：天津

司法管辖：中华人民共和国法律

保险期限：1）工程建筑期：自北京当地标准时间 2002 年 6 月 19 日零时起至 2003 年 12 月 31 日二十四时止；2）工程保证期：2004 年 1 月 1 日零时起 12 个月

保险项目及保险金额：

第一部分：物质损失

表 7–2　天津滨海轻轨工程投保的建筑工程一切险的子项目及造价

序号	工程及费用项目	估算造价/万元
1	路基工程	20080.90
2	桥涵工程	120000.00
3	轨道工程	27768.90
4	通信工程	15520.00
5	信号工程	30801.10
6	电力及牵引供电系统	59214.20
7	防灾报警	1977.70
8	房屋及建筑装修	43788.00
9	自动扶梯	2172.10
10	给排水及消防工程	2105.20
11	环保工程	5358.00
12	其他运营生产设备及建筑	15771.30
13	其他费用	48548.00
14	车辆购置费	750o0.00
15	合计	468105.40

第二部分：第三者责任

每次事故或由同一原因引起的一系列事件赔偿限额为人民币 1000 万元，且在保险期限内累计赔偿限额人民币 10000 万元。

保险费率：0.084%

保险费计算基础：为该工程总估算造价

保险费：人民币 3932085.36 元

保费支付方式：自保单生效之日起分六期支付，在收到保险单后十天内支付首期保费，全额为总保费的 30%，其余部分则需要按季度平均支付。

每次事故绝对免赔额：

1. 适用于第一部分项下的物质损失：地震、海啸特殊风险免赔 20%；其他风险免赔额人民币 5000 元。

2. 适用于第二部分项下的财产损失：每次事故造成第三者财产损失人民币 5000 元。

附加条款：

（1）适用于第一部分一物质损失项下扩展条款

1）专业费用扩展条款

2）特别费用条款

3）清理残骸费用条款

4）地面下陷条款

5）自动恢复保险金额条款

6）原有建筑物和周围财产扩展条款

7）特别免赔条款

8）地下炸弹条款

9）罢工、暴乱和民众骚乱扩展条款

10）内陆运输扩展条款

11）时间调整条款

12）预付赔款条款

13）赔款基础条款（一）

14）赔款基础条款（二）

15）工程完工部分条款

16）保障业主财产条款

17）设计师风险扩展条款

18）扩展责任保险期责任条款

19）工地外储存物条款

21）地下电缆、管道及特殊设施条款

22）分期付款条款

23）工程造价调整条款

24）工程工期延期条款

（2）适用于第二部分一第三者责任保险的扩展条款

1）交叉责任条款

2）契约责任条款

3）震动、移动或减弱支撑扩展条款

特别约定：在发生保险事故时，对损失金额人民币 50 万元以上的，我公司同意根据损失的具体情况，来聘请经保险经纪公司及被保险人共同确认的专业公估理算人对受损标的进行查勘定损，其所发生的公估理算费用均由保险人承担。

建筑工程一切险条款

一、第一部分物质损失

责任范围

1. 在本保险期限内，若本保险单明细表中分项列明的保险财产在列明的工地范围内，因本保险单除外责任以外的任何自然灾害或意外事故造成的物质损坏或灭失（以下简称“损失”），本公司会按本保险单的规定负责赔偿。

2. 对经本保险单列明的因发生上述损失所产生的有关费用，本公司亦可负责赔偿事宜。

3. 本公司对每一保险项目的赔偿责任均不得超过本保险单明细表中对应列明的分项保险金额以及本保险单特别条款或批单中规定的其他适用的赔偿限额。在任何情况下，本公司在本保险单项下承担的对物质损失的最高赔偿责任不得超过本保险单明细表中列明的总保险金额。

定义

自然灾害：指地震、海啸、雷电、飓风、台风、龙卷风、风暴、暴雨、洪水、水灾、冻灾、地崩、山崩、雪崩、火山爆发、地面下陷下沉及其他人力不可抗拒的破坏力强大的自然现象。

意外事故：指不可预料的以及被保险人无法控制并造成物质损失或人身伤亡的突发性事件，其中包括火灾和爆炸。

除外责任

本公司对下列各项不负责赔偿：

1. 设计错误引起的损失和费用；

2. 自然磨损、内在或潜在缺陷、物质本身变化、自燃、自焦、氧化、锈蚀、渗漏、鼠咬、虫蛀、大气（气候或气温）变化、正常水位变化或其他渐变原因造成的保险财产自身的损失和费用；

3. 因原材料缺陷或工艺不善引起的保险财产本身的损失以及为置换、修理或矫正这些缺点错误所支付的费用；

4. 非外力引起的机械或电气装置的本身损失，或施工用机具、设备、机械装置失灵造成的本身损失；

5. 维修保养或正常检修的费用；

6. 档案、文件、账簿、票据、现金、各种有价证券、图表资料及包装物料的损失；

7. 盘点时发现的短缺；

8. 领有公共运输行驶执照的，或已有其他保险予以保障的车辆、船舶和飞机的损失；

9. 除非另有约定，在保险工程开始以前已经存在或形成的位于工地范围内或其周围的属于被保险人的财产损失；

10. 除非另有约定，在本保险单保险期限终止以前，保险财产中已由工程所有人签发完工验收证书或验收合格或实际占有或使用或接受的部分。

二、第二部分第三者责任险

（一）责任范围

1. 在本保险期限内，因发生与本保险单所承担工程直接相关的意外事故引起工地内及邻近区域的第三者人身伤亡、疾病或财产损失，依法应由被保险人承担的经济赔偿责任，本公司按下列条款的规定负责赔偿。

2. 对被保险人因上述原因而支付的诉讼费用以及事先经本公司书面同意而支付的其他费用，本公司亦负责赔偿。

3. 本公司对每次事故引起的赔偿金额，以法院或政府有关部门根据现行法律裁定的应由被保险人偿付的金额为准。但在任何情况下，均不得超过本保险单明细表中对应列明的每次事故赔偿限额。在本保险期限内，本公司在本保险单项下对上述经济赔偿的最高赔偿责任不得超过本保险单明细表中列明的累计赔偿限额。

（二）除外责任

本公司对下列各项不负责赔偿：

1. 本保险单物质损失项下或本应在该项下予以负责的损失及各种费用；

2. 由于震动、移动或减弱支撑而造成的任何财产、土地、建筑物的损失及由此造成的任何人身伤害和物质损失；

3. 工程所有人、承包人或其他关系方或他们所雇用的在工地现场从事与工程有关工作的职员、工人以及他们的家庭成员的人身伤亡或疾病；

4. 工程所有人、承包人或其他关系方或他们所雇用的职员、工人所有的或由其照管、控制的财产发生的损失；

5. 领有公共运输行驶执照的车辆、船舶、飞机造成的事故；

6. 被保险人应该根据与他人的协议应支付的赔偿或其他款项，但即使没有这种协议，被保险人仍应承担的责任不在此限。

三、总除外责任

（一）在本保险单项下，本公司对下列各项不负责赔偿：

1. 战争、类似战争行为、敌对行为、武装冲突、恐怖活动、谋反、政变引起的任何损失、费用和责任；

2. 政府命令或任何公共当局的没收、征用、销毁或毁坏；

3. 罢工、暴动、民众骚乱引起的任何损失、费用和责任。

（二）被保险人及其代表的故意行为或重大过失引起的任何损失、费用和责任。

（三）核裂变、核聚变、核武器、核材料、核辐射及放射性污染引起的任何损失、费用和责任。

（四）大气、土地、水污染及其他各种污染引起的任何损失、费用和责任。

（五）工程部分停工或全部停工引起的任何损失、费用和责任。

（六）罚金、延误、丧失合同及其后果损失。

（七）保险单明细表或有关条款中规定的应由被保险人自行负担的免赔偿。

四、保险金额

（一）本保险单明细表中列明的保险金额应不低于：

1. 建筑工程——保险工程建筑完成时的总价值，包括原材料费用、设备费用、建造费、安装费、运输费和保险费、关税、其他税项和费用，以及由工程所有人提供的原材料和设备的费用；

2. 施工所用机器、装置和机械设备——重置同型号、同负载的新机器、装置和机械设备所需的费用；

3. 保险项目——由被保险人与本公司商定的金额。

（二）若被保险人是以保险工程合同规定的工程预算总造价投保，被保险人应：

1. 在本保险项目工程造价中包括的各项费用因涨价或升值原因而超出原保险工程造价时，必须尽快以书面通知本公司，本公司据此调整保险金额数目；

2. 在保险期限内对相应的工程细节作出精确记录，并允许本公司在合理的时候对该项记录进行查验；

3. 若保险工程的建造期超过三年，必须从本保险单生效日期每隔十二个月向本公司申报当时的工程实际投入金额及调整后的工程总造价，本公司将据此调整保险费；

4. 在本保险单列明的保险期限届满后三个月内向本公司申报最终的工程总价值，本公司据此以多退少补的方式对预收保险费进行相关调整。

否则，针对以上各条，本公司将视为保险金额不足，一旦发生本保险责任范围内的损失，本公司将根据本保险单总则中第（六）款的规定对各种损失按比例赔偿。

五、保险期限

（一）建筑期物质损失及第三者责任保险：

1. 本公司的保险责任自保险工程在工地动工或用于保险工程的材料、设备运抵工地之时起始，至工程所有人对部分或全部工程签发完工验收证书或验收合格，或工程所有人实际占有或使用或接收该部分或全部工程之时终止，以先发生者为准。但在任何情况下，建筑期保险期限的起始或终止不得超出本保险单明细表中列明的建筑期保险生效日或终止日。

2. 不论安装的保险设备的有关合同中对试车和考核期如何规定，本公司仅在本保险单明细表中列明的试车和考核期限内对试车和考核所引发的损失、费用和责任负责赔偿；若保险设备本身是在本次安装前已被使用过的设备或转手设备，则自其试车之时起，本公司对该项设备的保险责任即行终止。

3. 上述保险期限的展延，须事先获得本公司的书面同意，否则，从保险单明细表中列明的建筑期保险期限终止日起至保证期终止日止期间内发生的任何损失、费用和责任，本公司不负责赔偿。

（二）保证期物质损失保险：

保证期的保险期限与工程合同中规定的保证期一致，从工程所有人对部分或全部工程签发完工验收证书或验收合格，或工程所有人实际占有或使用或接收该部分或全部工程时起算，以先发生者为准。但在任何情况下，需要保证期的保险期限不得超出本保险单明细表中列明的保证期。

六、赔偿处理

（一）对保险财产遭受的损失，本公司可选择以支付赔款或以修复、重置受损项目的方式予以赔偿，但对保险财产在修复或重置过程中发生的任何变更、性能增加或改进所产生的额外费用，本公司不负责赔偿。

（二）在发生本保险单物质损失项下的损失后，本公司按下列方式确定赔偿金额：

1. 可以修复的部分损失应以将保险财产修复至基本恢复受损前状态的费用和扣除残值后的金额为准。但若修复费用等于或超过保险财产损失前的价值时，则按下列第2项的规定处理；

2. 全部损失或推定全损一以保险财产损失前的实际价值扣除残值后的金额为准，但本公司有权拒绝被保险人对受损财产的委付；

3. 在发生损失后，被保险人为减少损失而采取必要措施所产生的合理费用，本公司可予以赔偿，但本项费用以保险财产的保险金额为限。

（三）本公司赔偿损失后，由本公司出具批单将保险金额从损失发生之日起相应减少，并且不退还保险金额减少部分的保险费。如被保险人要求恢复至原保险金额，应按约定的保险费率加缴恢复部分从损失发生之日起至保险期限终止之日止按日比例计算的保险费。

（四）在发生本保险单第三者责任项下的索赔时：

1. 未经本公司的书面同意，被保险人或其代表对索赔方不得作出任何责任承诺或拒绝、出价、约定、付款或赔偿。在必要时，本公司有权以被保险人的名义接办对任何诉讼的抗辩或索赔的处理；

2. 本公司有权以被保险人的名义，为本公司的利益自付费用向任何责任方提出索赔的相关要求。未经本公司书面同意，被保险人不得接受责任方就有关损失作出的付款或赔偿安排或放弃对责任方的索赔权利，否则，由此引起的后果将由被保险人承担；

3. 在诉讼或处理索赔过程中，本公司有权自行处理任何诉讼或解决任何索赔案件，被保险人有义务向本公司提供一切所需的资料和协助。

（五）被保险人的索赔期限，从损失发生之日起，不得超过两年。

七、被保险人的义务

被保险人及其代表应严格履行下列义务：

（一）在投保时，被保险人及其代表应对投保申请书中列明的事项以及本公司提出的其他事项作出真实、详尽的说明或描述；

（二）被保险人或其代表应根据本保险单明细表和批单中的规定按期缴付保险费；

（三）在本保险期限内，被保险人应采取一切合理的预防措施，其中包括认真考虑并付诸实施本公司代表提出的合理的防损建议，还要谨慎选用施工人员，遵守一切与施工有关的法规和安全操作规程，由此产生的一切费用，均由被保险人承担；

（四）在发生引起或可能引起本保险单项下索赔的事故时，被保险人或其代表应：

1. 立即通知本公司，并在七天或经本公司书面同意延长的期限内以书面报告提供事故发生的经过、原因和损失程度；

2. 采取一切必要措施防止损失的进一步扩大并将损失减少到最低程度；

3. 在本公司的代表或检验师进行勘查之前，一定要保留事故现场及有关实物证据；

4. 在保险财产遭受盗窃或恶意破坏时，立即向公安部门报案；

5. 在预知可能引起诉讼时，立即以书面形式通知本公司，并在接到法院传票或其他法律文件后，立即将其送交至本公司；

6. 根据本公司的要求提供作为索赔依据的所有证明文件、资料和单据。

（五）若在某一保险财产中发现的缺陷表明或预示类似缺陷亦存在于其他保险财产中时，被保险人应立即自付费用进行调查并纠正该缺陷。否则，由类似缺陷造成的一切损失应由被保险人自行承担。

八、总则

（一）保单效力

被保险人严格地遵守和履行本保险单的各项规定，是本公司在本保险单项下承担赔偿责任的先决条件。

（二）保单无效

如果被保险人或其代表漏报、错报、虚报或隐瞒有关本保险的实质性内容，则本保险单无效。

（三）保单终止

除非经本公司书面同意，本保险单将在下列情况下自动终止：

被保险人丧失保险利益；承保风险扩大。

本保险单终止后，本公司将按日比例退还给被保险人本保险单项下未到期部分的保险费。

（四）权益丧失

如果任何索赔含有虚假成分，或被保险人或其代表在索赔时采取欺诈手段企图在本保险单项下获取利益，或任何损失是由被保险人或其代表的故意行为或纵容所致，被保险人将丧失其在本保险单项下的所有权益。对由此产生的包括本公司已支付的赔款在内的一切损失，应由被保险人负责赔偿。

（五）合理查验

本公司的代表有权在任何适当的时候对保险财产的风险情况进行现场查验。被保险人应提供一切便利及本公司要求的用以评估有关风险的详情和资料。但上述查验并不构成本公司对保险人的任何承诺。

（六）比例赔偿

在发生本保险物质损失项下的损失时，若受损保险财产的分项或总保险金额低于对应的应保险金额（见四、保险金额），差额部分视为被保险人自保，本公司则按本保险单明细表中列明的保险金额与应保保险金额的比例负责赔偿。

（七）重复保险

本保险单负责赔偿损失、费用或责任时，若另有其他保障相同的保险存在，不论是否由被保险人或他人以其名义投保，也不论该保险赔偿与否，本公司仅负责按比例分摊赔偿责任。

（八）利益转让

若本保险单项下负责的损失涉及其他责任方时，不论本公司是否已赔偿被保险人，被保险人应立即采取一切必要的措施行使或保留向该责任方索赔的权利。在本公司支付赔款后，被保险人应将向该责任方追偿的权利转让给本公司，移交一切必要的单证，并协助本公司向责任方追偿。

（九）争议处理

被保险人与本公司之间的一切有关本保险的争议应通过友好协商解决。如果协商不成，可申请仲裁或向法院提出诉讼。除事先另有协议外，仲裁或诉讼应在被告方所在地进行。

九、特别条款

下列特别条款适用于本保险单的各个部分，若其与本保险单的其他规定相冲突，则以下列特别条款为准（特别条款的详细内容略）。

案例二

下面是中国太平洋财产保险股份有限公司的建设工程设计责任险的保单样式。

中国太平洋财产保险股份有限公司

建设工程设计责任保险

保险对象

第一条凡经中华人民共和国建设行政主管部门批准，取得相应资质证书并经工商行政管理部门准予注册登记，都要依照中华人民共和国有关法律规定成立的建设工程设计单位，均可作为本保险的被保险人。

保险责任

第二条被保险人在本保险单明细表中列明的追溯期或保险期限内，在中华人民共和国境内（港、澳、台地区除外）完成设计的建设工程，由于设计疏忽或过失而导致的工程质量事故造成下列直接损失或费用，应该依照中华人民共和国有关法律应由被保险人承担的经济赔偿责任，在保险期限内，由委托人首次向被保险人提出赔偿要求并由被保险人向保险人提出索赔申请时，保险人负责赔偿。其中包括：

（一）建设工程本身的物质损失；

（二）第三者人身伤亡或财产损失；

（三）因本保单项下承担的风险造成被保险财产的损失而发生的清除、拆除或支撑受损财产的费用，但此项费用不超过被保险财产损失金额的 50%。

事先经保险人书面同意的诉讼费用，保险人负责赔偿。但每次事故此项费用与上述（一）、（二）、（三）项的赔偿总额不超过保险单明细表中列明的每次事故赔偿限额。

在发生保险事故后，被保险人为缩小或减少因该事故导致的对委托人的直接经济赔偿费用所支付的必要的、合理的费用，保险人负责赔偿事宜。此项费用在每次事故赔偿限额以外另行计算，但最高不超过每次事故赔偿限额的 50%。

责任免除

第三条下列原因造成的损失、费用和货任，无论法律上是否应由被保险人承担，保险人均不负责赔偿：

（一）被保险人及其代表或雇佣人员的故意、欺诈、违法行为或犯罪行为等；

（二）战争、敌对行为、军事行为、恐怖活动、武装冲突、罢工、骚乱、暴动、盗窃、抢劫；

（三）政府有关当局的行政行为或执法行为；

（四）核反应、核子辐射或放射性污染；

（五）大气污染、水污染及土地污染；

（六）地震、雷击、暴风、暴雨、洪水、台风等自然灾害，超过设计防范标准的自然灾害；

（七）地表沉降、地面突然塌陷；

（八）火灾、爆炸。

第四条下列原因造成的损失、费用和责任，无论法律上是否应由被保险人承担，保险人均不负责赔偿责任：

（一）建设工程因设计错误而不符合委托人的原来需要或用途；

（二）委托人提供的账册、报表、文件或其他资料的毁损、灭失、盗窃、抢劫、丢失；

（三）他人以被保险人或与被保险人签订劳动合同的人员的名义设计的工程项目；

（四）被保险人将工程设计任务的全部或部分转让、委托给其他单位或个人；

（五）被保险人承接超越国家规定的资质等级许可范围的工程设计业务；

（六）被保险人的设计人员承接超越国家规定的执业范围的工程设计业务；

（七）被保险人未按国家规定的建设程序进行的工程设计，但有关建设行政主管部门特许的重点建设项目并事先由被保险人向保险人报备且获保险人同意的除外；

（八）委托人提供的工程测层图、地质勘察报告等有关资料存在一些错误；

（九）被保险人或其设计人员抄袭、窃取、泄露商业机密或侵犯知识产权的行为。

第五条下列损失、费用和责任，无论法律上是否应由被保险人承担，保险人均不负责赔偿：

（一）首次投保时，被保险人在本保险合同生效前已经或应当知道的索赔或民事诉讼；

（二）由于设计错误引起的停产、减产及延误等间接经济损失；

（三）被保险人延误交付设计文件所导致的任何后果以及由此造成的直接或间接损失；

（四）被保险人在本保险单明细表中列明的追溯期之前完成的工程设计业务所致的赔偿责任；

（五）由未与被保险人签订劳动合同的工程设计人员签名出具的设计文件引起的索赔，如果这些设计人同与被保险人有合作关系的单位签有劳动合同，并事先由被保险人向保险人书面报备并获保险人同意的除外；

（六）被保险人或其雇员的人身伤亡及其所有或管理的财产损失；

（七）被保险人被诉求的精神损害赔偿；

（八）罚款、惩罚性赔款或违约金；

（九）因勘察责任而引起的任何索赔；

（十）在合同或协议中约定的应由被保险人承担的对委托人的赔偿责任，但即使没有这种合同或协议，被保险人仍应承担的责任不在此限；

（十一）保险单中约定的应由被保险人承担的每次事故免赔额。

第六条其他不属于本保险责任范围的一切损失、费用和责任，保险人不负赔偿责任。

保险期限

第七条本保险的保险期限为一年，自约定起保日（不早于缴费次日）零时起至期满日二十四时止。期满续保，另办手续。

投保人和被保险人义务

第八条投保人应当履行如实告知义务，要诚实回答保险人的提问，并提供与其签订劳动合同的工程设计人员名单。

如在保险期限内，提供的工程设计人员名单有所变动，被保险人应在变动后五个工作日内以书面形式向保险人重新进行备案，并以获得保险人书面确认收悉为有效备案，

第九条投保人应按照本保险合同的约定缴纳保险费。

第十条在保险期限内，有关保险的重要事项变更或保险标的危险程度变化时，被保险人应及时书面通知保险人，以便保险人办理批改手续或调整保险费。

第十一条发生本保险责任范围内的事故时，被保险人应尽力采取必要措施，缩小或减少损失，否则对扩大部分的损失保险人不负赔偿责任；同时，被保险人要立即通知保险人，并通过书面说明事故发生的原因、经过和损失程度。

第十二条被保险人获悉可能引起诉讼时，应立即以书面形式通知保险人；接到法院传票或其他法律文书后，应及时送交给保险人。

第十三条被保险人应遵守政府有关部门制定的各项规定，勤勉尽职，加强管理，强化内控机制，规范审核程序，严格审批制度，采取合理有效的预防措施，减少建设

工程设计事故和差错的发生。

第十四条本保险的被保险人应同步向保险人书面报备已签订的设计合同，并及时将完成设计任务的相关建设工程的《建设工程设计合同》和设计文件复印件送交保险人。

第十五条投保人和被保险人如果不履行以上义务，保险人不负赔偿责任，并可以解除保险合同，从解约通知书送达十五日后，本保险合同自行终止。

赔偿处理

第十六条建设工程发生损失后，应由政府建设行政主管部门按照国家有关建设工程质量事故调查处理的规定做出鉴定结论。

第十七条在发生保险责任事故时，未经保险人书面同意，被保险人或其代表自行对索赔方作出的任何承诺、出价、约定、付款或赔偿，保险人均不承担赔偿责任。保险人可以被保险人的名义对诉讼进行抗辩或处理有关索赔事宜。

第十八条保险人对被保险人的每次事故赔偿金额应按照本保险合同的有关规定，以法院、仲裁机构或政府有关部门依照中华人民共和国相关法律法规最终判决或裁定，或需要经双方当事人及保险人协商确定的应由被保险人偿付的金额为准，但不得超过本保险单明细表中列明的每次事故赔偿限额及所含人身伤亡每人每次事故赔偿限额。在本保险期内，保险人对被保险人多次事故索赔的累计赔偿金额不超过本保险单明细表中列明的累计赔偿限额。

第十九条保险人根据上述第二条规定，对每次事故索赔中被保险人为缩小或减少对委托人的经济赔偿责任所支付的必要的、合理的费用及事先经保险人书面同意支付的诉讼费用予以相关赔偿。

第二十条被保险人向保险人申请赔偿时，应提交保险单正本、《建设工程设计合同》和设计文本、发图单、相关工程设计人员与被保险人签订的劳动合同、索赔报告、事故证明及鉴定书、损失清单、法院的最终判决书或裁定书、仲裁裁决书及其他与证明损失性质、原因和程度有关的单证材料。

第二十一条保险人有权以被保险人的名义向有关责任方提出赔偿要求。未经保险人书面同意，被保险人擅自接受有关责任方就有关损失作出付款或赔偿安排或放弃向有关责任方索赔的权利，保险人不负赔偿责任并有权解除本保险。

第二十二条发生本保险责任范围内的损失，应由有关责任方负责赔偿的，被保险人应采取一切必要措施向有关责任方索赔。保险人自向被保险人赔付之日起，取得代位行使被保险人向有关责任方请求赔偿的权利。在保险人向有关责任方行使代位请求赔偿权利时，被保险人有责任去积极协助，并提供必要的文件和所知道的有关情况。

第二十三条发生保险事故后，如被保险人有重复保险存在，本保单的保险人仅负按比例赔偿的责任。

争议处理

第二十四条被保险人和保险人之间有关本保险的争议由当事人从下列两种方式中选择一种：

（一）因履行本合同发生的争议，由当事人协商解决，协商不成的，提交给保险单中约定的仲裁委员会仲裁；

（二）因履行本合同发生的争议，由当事人协商解决，协商不成的，向人民法院起诉。

其他事项

第二十五条本保险中的追溯期规定如下：

（一）首次投保，一般不设追溯期；

（二）续保时，追溯期规定如下：

1. 如果投保人投保本保险已有一年，等第二年续保时追溯期为一年；

2. 如果投保人连续投保本保险已有两年或两年以上，追溯期为两年。

第二十六条本保险生效后，被保险人可随时书面申请去解除本保险，保险人亦可提前十五天发出书面通知解除本保险。保险合同提前解除的，保险费按已承保月数计收，不足月的按一个月计。

第二十七条本保险适用中华人民共和国法律并接受中华人民共和国司法管辖。

保费的计算说明和免赔额、无赔款优待规定如下。

1）第三者人身伤亡：赔偿每次事故每人赔偿限额为人民币 10 万元。

2）每次事故免赔额为人民币 5 万元。

3）提高免赔额：

每次事故免赔额提高为 10 万元，保险费减收 5%；

每次事故免赔额提高为 15 万元，保险费减收 10%；

每次事故免赔额提高为 25 万元，保险费减收 25%。

4）保险费计算：

保险费 = 国计赔偿限额 * 基本费率

5）无赔款优待

被保险人可以连续投保两个保险年度，并且在此期间未发生保险事故，在第三个保险年度续保时可享受无赔款减收保险费优待，优待金额为本保险年度续保应缴纳保险费的 10%。无论被保险人连续几年未发生保险事故，无赔款优待一律为应缴纳保险费的 10%。

第四节　建筑工程保险合同管理

如果把工程保险看作是一种产品的话，那么建筑工程保险合同应该看作产品的核心。从保险公司角度看，建筑工程保险合同形式和内容的创新对于开发工程保险市场是至关重要的。但是要抓好建筑工程保险合同的订立、履行、变更和续保等环节，提高保险服务的专业水准和职业道德意识是保险人做大做强工程保险市场的基础。

建筑工程保险合同管理主要包括建筑工程保险合同的订立、履行、变更和续保等关键环节。根据合同管理主体的不同，建筑工程保险合同管理分为两个层面：一方面是监管当局对建筑工程保险合同的监督管理；另一方面是保险公司在相关政策法规允许的条件下，实施全方位合同管理。

一、宏观的建筑工程保险合同管理

宏观的建筑工程保险合同管理是监管当局对建筑工程保险合同的监督管理。从保险监管的现实要求来看，保险监管当局对保险合同的监管重点应放在合同文本内容上。就目前我国工程保险发展情况来看，工程建设管理部门和保险监管当局应尽快出台建筑工程保险合同指导性范本。指导性范本的制定既应与国际惯例接轨，又要考虑我国工程保险市场的实际情况；既保证合同的统一性，又要给保险公司留有一定自由度。建筑工程保险合同的统一性有利于各家保险公司的保险合同符合法规的要求，防止各保险公司间随意降低费率，降低承保风险。另外，在我国工程保险机制尚不完备且正面临外国保险公司竞争的形势下，建筑工程保险合同的统一有益于会聚民族工程保险业之合力，以与外资保险机构竞争。建筑工程保险合同指导性范本需要给保险公司留有一定自由度。各保险公司在统一的合同范本框架下，保险双方可以就关键具体的条款进行协商，这样有利于激发保险市场竞争活力。

二、保险人的合同管理

保险公司应在相关政策法规允许的条件下，实施全方位的合同管理，应该最大限度地为投保人提供个性化的工程保险服务，这是工程保险业发展的必然要求。工程项目种类很多，用途多种多样，施工过程复杂程度也各不相同，并且投保人对风险分散的要求也不尽相同。若从这两方面考虑，保险公司应根据工程项目的特点和保户的个性化要求设计的建筑工程保险合同组合。这对保险人和投保人来说，是一种双赢策略。工程保险市场存在信息不对称性，可以通过保险人与被保险人之间竞争以及保险人之间的业内竞争，最终保险市场可以达到动态的均衡。对保险人来说，经审慎设计的保险合同能够保证保险合同收益与其承担的损失赔偿风险相当，获得合理的经营收益是至关重要的。具体来说，保险人应根据具体的保险标的的风险程度，确定关键条款的具体内容，比如保险费率、保险金额、除外责任范围、保险项目等，从而使保费收入与保险责任相当。

实施全方位合同管理就要摆脱原来的缺少弹性的片面的管理模式。全方位合同管理模式以保险合同订立为界，分为保险合同签订前管理和保险合同签订后管理两个过程。前者暂且称之为前期保险合同管理，而后者称之为后期保险合同管理。所谓全方位合同管理就是既要重视合同签订前的管理，又要重视保险合同售后服务，以现代的关系营销思想进行保险合同管理。在全方位合同管理过程中，保险从业人员应树立与保户建立长期的客户关系的思想。前期的保险合同管理主要是运用保险营销理念和方法设计保险合同条款。保险业务员在接受投保人的投保申请进行核保阶段，在评估保险的综合风险状况的同时，应尽量与保户沟通，来了解保户具体的投保要求。根据标的风险状况和保户的具体要求，设计关键性的保险条款：一是保险标的，根据具体情况确定承保的工程项目范围、施工机械设备、工具、建材等；二是保险责任，根据标的风险状况和保户的具体要求确定承保责任范围以及除外责任范围；三是保险金额的确定，选择保险项目的保险金额的计算基础，确定保险金额；四是保险费率的确定，这是双方非常关注的条款要素，由保险公司根据费率厘定的原理厘定之后，再由双方商定；五是出险后损失的核定方法和赔偿方式，具体是按照重置价值法、市场法还是收益现值法，保险赔偿是以现金支付、修复还是重置，需双方商定后在合同中明示。总之，建筑工程保险合同签订的前期工作是非常关键的。全方位保险合同管理的后期主要涉及合同的履行，其主要包括防损、理赔和续保。

第五节　建筑工程保险投保策略

随着工程项目规模的日益增大和施工过程的日益复杂，为工程项目投保工程保险显得越来越必要。工程保险具有很强的风险保障功能，具体表现在两方面：一方面，在保险期间，保险人从减少灾害事故损失赔偿的角度出发，向投保人提供安全保障和防止灾害发生等方面的专业指导，可以减少甚至避免风险事故的发生，建筑工程保险的防损减灾功能对保险双方都有利；另一方面，一旦发生工程风险事故，投保人可以按保险合同的规定进行索赔，这样保险赔款就可以补偿被保险人的部分或全部损失。既然工程保险对投保人来说是必要的，那么应该如何投保呢？

一、工程投保方式

当同一工程存在多个被保险人时，应选取投保人代表，办理保险业务，与保险人商谈保险合同条款和索赔、理赔等事宜。在工程保险实务中，一般选取主要工程风险的主要承担者为投保人。一般情况下，工程投保方式与工程承包方式高度相关。下面是四种工程承包方式下的投保方式。

（一）全部承包方式

全部承包方式是业主将工程全部发包给某一承包商，承包商负责全部或关键的工程环节，完工后交给业主。在这种承包方式下，工程风险主要由主承包商承担，因而应由主承包商投保工程保险。保险费计入工程造价，最终由业主承担。

（二）部分承包方式

部分承包方式即业主负责设计和提供部分建筑材料，承包商负责施工和提供部分建筑材料，业主和承包商共担风险。在这种承包方式下，有两种投保方式可以选择。一种是双方协商后，推举一方负责投保；另一种是可以就各自承担的风险部分分别投保。

（三）分段承包方式

分段承包是指业主将一项工程分成几个阶段或部分，分别承包给不同的承包商，各承包商之间相互独立。在这种承包方式下，一般由业主统一投保。若承包商有特殊的要求，则可以另行投保，比如承包商将自己的施工机械投保机械设备损害险。

（四）承包商只提供劳务方式

在这种承包方式下，工程的设计、供料、技术指导等皆由业主完成，承包商仅提供劳务。承包商承担的风险很小，而主要风险由业主承担，因此应该由业主投保工程保险。

在工程保险实务中，多数工程项目都采用业主和承包商共担风险的运作模式，因此承包商和业主共同投保的方式适合工程风险共担的运作模式。三峡工程就采取这种投保方式。

二、工程投保策略

（一）工程一切险投保策略

工程一切险的投保对象主要是合同规定的永久工程、拟用于永久工程的设备等。工程一切险的投保方式有两种：一种是业主根据合同的规定直接代替承包商选择保险公司对工程进行投保；另一种是承包人按照合同规定自己选择保险公司投保，但需经业主认可，与业主联名投保。投保范围及数量应以施工合同工程量清单中的工程项目的单价和数量为准。费率由投保人与保险公司共同商定。保险期限为开工到缺陷责任期结束。

（二）第三者责任险投保策略

第三者责任险主要是针对承包商在施工活动中对业主及承包商以外的第三方人身及财产造成损失承担经济赔偿责任的保险。一般情况下，第三者责任保险包含在工程一切险之中。按照FIDIC条款规定，业主行为造成的第三方损失属于业主责任，不在此险种范围内。第三者责任险的投保策略和保费算法与工程一切险类似。该险种适用于居民密集区域施工项目，这些区域作业很容易造成第三方损失，如挖断电缆、震动压路机损坏或压塌民房、空中坠落物伤及路人等，都属于第三方责任的保险范围。例如，一项路桥工程在施工前投保了建筑工程一切险，保险责任范围涵盖第三者责任。在钻孔打桩施工中，把周围民房的墙震出了裂缝，结果保险公司直接赔偿了该房主的损失。

（三）承包商施工设备险投保策略

承包商投保施工设备险是可选择的。当承包商估计其所有或租借的施工设备面临着一定的风险，有必要投保时，可以就专项的施工机械投保施工设备损坏险。如新疆地区路网工程的业主没有强制要求承包商投保施工设备损坏险，但是考虑到设备金额很大，施工过程中损坏或盗失的可能性较大，并且因为工程造价很高，保险费对工程成本的影响不大，所以就投保了施工设备损坏险。一般情况下，承包商在选择是否投保某一险种时，应考虑工程规模、施工工期、出险可能性等因素。对于规模小、工期短、灾害风险小的项目，为减小成本，增强标价竞争力，施工设备可以不投保。相反地，对于规模大、工期长、灾害风险较高的项目，承包商应将主要设备投保。

三、新疆路网工程第十合同保险的投保策略

新疆地区公路工程施工的主要险种包括工程一切险、第三方责任险、施工设备险。这些险种可以转移公路施工中的风险。如洪水、雪崩、泥石流等自然灾害造成的损失；施工工地的建筑材料和进场的施工机械因盗失、意外损害等而造成的损失；施工中或投入使用后给第三方造成的损失。新疆地区公路建设风险分散机制经历了由计划向市

场转变的过程。在计划时期或计划内招标的项目中，一般会在预算内按照工程造价的一定比例内预列一笔预备费，用于补偿因自然灾害、物价上涨而增加的施工成本。对于按照 FIDIC 条款规定投保的工程项目，业主或承包商投保，保险人和投保人要积极防损减灾。若损失一旦产生，由保险人经核实，按保险合同规定理赔。新疆地区公路保险源自世界银行贷款项目的吐—乌—大高等级公路和乌—奎高速公路。该项工程保险项目采用了国际通行的 FIDIC 条款。按照 FIDIC 条款规定，承包商与业主应联名投保工程一切险和第三者责任险，保费计入标价。承包商的施工设备应由自身投保，保费不能直接计入标价，只能摊入机械使用台班费或间接费。

由此看来，投保人应根据准备投保工程的承包形式和被保标的的风险程度、成本等因素权衡，选择投保项目和投保险种。

第六节　建筑工程保险合同案例

为了更深入理解上述建筑工程保险合同的相关知识，了解到建筑工程保险合同实务的相关内容，下面以二滩水电站主体工程的保险合同管理为例说明。

二滩工程实行全面的保险保障体系。主体工程、设备采购运输以及直接投入二滩建设的人、财、物，几乎全部被不同险种所覆盖。二滩水电站主体工程 I、U 标实行国际招标，由以意大利英波吉洛和德国霍尔兹曼为责任方的联合体承担施工。nI 标为国内采购，沿用国内合同模式，由 GYBD 联营体施工。该项目采用与国际接轨的风险控制机制和保险保障体系，这成为二滩工程风险管理成功的保障。FIDIC 模式下的业主项目风险管理及工程保险已成功地应用在二滩工程中。

一、二滩土建工程Ⅰ、Ⅱ标的建筑工程一切险的保险合同内容

（一）保险合同的主要内容

按照合同规定，土建Ⅰ、Ⅱ标承包商分别以自身和业主联合的名义，对本标工程投保建筑工程一切险，并附加第三者责任保险。Ⅰ、Ⅱ标分别由意大利的 Generali 和

德国的 AHianZ 两家保险公司与中国人民保险公司联合承保。合同规定，业主对电站坝区 13500m³ / s 以上的洪水风险投保。承包商受业主委托，在其一切险保单中覆盖全部洪水风险，13500m³ / s 以上的洪水保费或费率单列，由业主承担。I 标保单规定，交纳 0.2095% 的额外保费，保单对 13500m³ / s 以上的洪水风险导致的工程损失负责。Ⅱ标保单在费率条款中明确规定，在 0.695% 的总费率中，13500m³ / s 以上的洪水风险费率为 0.058%。

二滩工程一切险的保险项目主要包含三方面内容：第一部分包括在建工程、业主的永久设备和承包商的施工设备、临时建筑等；第二部分主要是在工程施工或规定年限内，发生事故造成第三者伤亡或财产损失而应承担赔偿责任，第三者责任险由业主和承包商联合投保；第三部分是工人意外事故，该合同的一般条款 24.1 和 24.2 规定，工人意外事故主要是承包商对其雇员的意外事故或伤亡负责，由承包商负责为其雇员投保意外险，业主的责任可以免除。该合同的一般条款 21.1 规定了保险金额的计算方法。工程和设备的保险金额按其完全重置成本的 115% 计算。二滩工程的建工险采取三家保险公司联合承保形式。因此合同的特殊应用条款 21.1 款规定了合格保险人的选择及保险人所承担保险赔偿责任的比例等内容。

（二）保险标的与保险金额

Ⅰ、Ⅱ标一切险保单的保险标的物包括：合同范围内的永久工程，业主提供的永久设备及材料，承包商进入现场准备的施工设备和临时设施，工地范围内的第三者（包括业主和工程师等在内的进入现场的工作人员及其财产）。合同工程和业主设备及材料按重置价值 115% 的金额投保，施工设备和临时设施按完全重置价投保，第三者人身伤亡及财产损失按合同规定的赔偿限额投保。

（三）风险评估与保险费率

I 标工程包括拱坝、水垫塘、电站进水口、泄洪洞进口及过木机道进口基础开挖与混凝土浇筑、相关金属结构安装。I 标工程是露天作业，并且在河床上施工，则会受洪水、暴雨、滑坡等自然灾害的威胁较大。Ⅱ标是以三大洞室为主的洞室群开挖、支护及相关金属结构安装的工程，在高地应力山体内作业，具有岩爆和地下施工特有的风险，受自然灾害的威胁较 I 标小。Ⅰ、Ⅱ标共同的特点是施工强度高，场地狭窄，交叉干扰大，施工区域设备及人员密集度高。它们在保费上的反映是：Ⅰ标主费率较Ⅱ标高，地下施工机具较地面机具费率高，移动施工机具较固定机具费率高。二滩工程一流的工程设计和施工队伍，掌握着丰富的水文气象及地质勘探资料，这些都是Ⅰ、Ⅱ标工程一切险风险评估及确定保险费率的参考因素。

被保标的的风险程度直接影响着费率的高低。风险越高，保费费率越高。如Ⅰ标所列移动施工机具的费率远高于固定施工机具，就是因为移动施工机具的风险要高于固定施工机具。

（四）保单主条款

①除外责任条款。因风险缘于事物的偶然性和一定程度的不可知性，风险事故的发生原因往往超出人们的想象，因而保单无法穷举所有风险因素。为此保单逐一列举保险不予负责的除外责任，列明除外的一切责任属保险保障责任范围。Ⅰ、Ⅱ标保单主要的除外责任有战争、动乱、核辐射、盗窃、故意行为等等。除外责任范围影响着保险费率高低。

②保费调整条款。保费结算时，合同金额增减或合同期限变动，保费应按约定费率标准相应增减。

③安全奖励。为鼓励投保人加强安全管理，降低风险事故的发生概率，保单规定，如果整个保险期间总的事故赔偿率低于一定标准，则就按总保费的一定比例奖励投保人。

④事故索赔程序与定损赔偿条款。

⑤保单时效与保费缴纳。

从以上保单主条款可以看出，工程一切险以穷举除外责任形式规定保险责任范围。除外责任范围影响保险费率。除外责任范围越大，承保的责任范围越小，保险费率越低，除外责任范围与保险费率成反比。如果保费结算时，合同金额或合同期限发生更改，保费可以按照约定费率重新计算。另外保单列明无保险赔款优待问题，保险人从鼓励投保人努力降低人为可控风险角度设计了此条款。

二、Ⅲ标安装工程一切险

尽管Ⅲ标合同价相对较低，但业主提供安装的永久机电设备单件价值巨大，设备精密度高，施工程序和作业环境也很复杂，安装工程施工过程出现灾害性损失的可能性是存在的。在Ⅲ标保险出现之前，为装卸火车站到货的大型机组设备，业主要求Ⅱ标承包商紧急协助，但是承包商拒绝装卸没有保险的设备。业主书面确认所有风险与承包商无关后，问题才得到解决。为了使二滩工程管理与国际惯例接轨，形成完善的保险保障体系，Ⅲ标借鉴土建Ⅰ、Ⅱ标的风险控制机制，投保了安装工程一切险。

二滩工程Ⅲ标合同在风险管理上存在缺陷。Ⅲ标合同由国内招标形成，合同关于风险控制和保险责任的规定只有两条：第一，“本工程施工过程中，由于出现无法预料的不可抗拒的灾害，如……，则由业主报请上级主管部门承担补偿费用”；第二，“除国家法定保险外，其他采取自愿保险的原则”。事实上，在业主责任制条件下已经不存在报请上级主管部门承担灾害损失的渠道。风险损失要么由业主负责，要么承包商承担。对于双方都无力承担的风险，只有通过保险进行转移，并在合同中明确保险责任和操作方法。一旦发生风险事故，损失便能够得到补偿。

二滩工程由业主投保安装工程一切险。业主在承包商进场后，以自身和承包商联合的名义在中国人民保险公司攀枝花市分公司对ID标投保安装工程一切险，并附加第三者责任险。保险标的包括：业主提供的设备、合同内土建工程、施工设备设施等。投保以后，业主与Ⅲ标承包商就保费承担责任、风险事故发生后的索赔、保单除外责任与免赔额分担、安全管理责任、分享安全奖励等事项协商达成协议，作为对Ⅲ标合同的补充。

由于业主提供的设备需在桐子林方家沟各仓库之间及仓库至工地各拼装场和安装间之间长距离转运，Ⅲ标另收取转运设备价值0.05%的运输保费。地震与盗窃损失风险作为除外责任。各项目事故免赔额与第三者责任的赔偿限额均较Ⅰ、Ⅱ标保单低。此外，本标保单的保障范围及其他主要条款与Ⅰ、Ⅱ标保单基本相同。

三、雇主责任险

根据Ⅰ、Ⅱ标合同及业主与Ⅲ标承包商达成的协议，承包商应对其员工投保意外事故险，相关费用包含在合同价款之中。Ⅰ、Ⅱ、Ⅲ标承包商均应当在当地保险公司分别对其雇员投保雇主责任保险。各承包商投保金额，即事故赔偿标准，与其雇员的平均工资有关，并反映出国家关于工伤事故补偿的有关规定。员工在雇佣期间出现意外及工伤事故时，由保险公司根据保单规定进行赔偿。自工程开工到1998年底，保险公司共计赔偿各承包商雇主责任事故人民币1089万元，不包含外籍雇员工伤事故补偿。

四、Ⅰ、Ⅱ标合同保险条款的缺陷与问题

首先，合同要求承包商保持工程保险适时而且充分，但没有明确规定谁应承担“额外”保费。根据合同一般条款25.2款规定，承包商应将工程的施工性质、范围、计划的变更情况通知保险公司，使各个工程施工阶段有充分的保险保障。Ⅰ、Ⅱ标工程险保单有相应的保额保费调整条款。工程内容与主要施工方案的变动，合同工期改变与合同额增减，会导致保险费用相应增减。谁承担保费增加的责任或得到保费减少的利益，合同中并没有明确规定。按照有利于业主的理解，既然FIDIC没有指明保费增减的处理办法，承包商应无条件地保持保险的动态充分性；承包商站在自己的立场上则可推论，既然增加的保费是由于非承包商的原因所致，业主应对此给予补偿。Ⅰ、Ⅱ标合同履行过程中，价格调整和工程变更引起合同额增加，这对投资数亿、建设期近10年的工程来说是不可避免的。由于合同没有明确规定，Ⅰ标承包商向业主索赔其相应增加的工程保险费用，Ⅱ标承包商要求业主补偿其相应增加的出口信贷保险费。但FIDIC条件只要求保险的充分性，即增加的合同额要反映在保额调整中，合同没有明确规定保费增减的基准及增减金额的计算方法，即未明确规定是否以合同文件列明的保费金额（保费含量）为基础进行补偿或扣减。特殊应用条款和特别条件也没有对保费增减的合同责任和处理办法予以特别规定和补充，使合同双方因此产生争议。

其次，关于合同单价中的保费金额与承包商的保费索赔也存在一些问题。二滩国际招标文件要求，承包商应在标书中列明总报价中包含的保险费金额和比例。合同文

件表明，Ⅰ、Ⅱ标承包商应列入合同总价的保费比例分别为2.1%与2.8%。此即意味着所有的BOQ项目或合同单价均包含上述比例的保险费。对承包商以合同为基础的所有付款都按比例包含了保险费，以合同单价为基础的变更和价格调整产生的合同额增加，也按比例包含保险费。因此，对变更和价格调整产生的合同增加额投保是承包商的合同责任，费用已经得到补偿，承包商无权向业主索取额外的费用。有资料表明，承包商实际发生的保险费没有达到它在投标书中列明的保费金额，更没有达到它从业主合同付款中按比例得到的保费。承包商在此项目上已获得额外利益，而不是额外开支。合同没有保费调差的条款，对承包商的获益或超支，业主无权分享，承包商也无权索赔。

最后，关于13500m³/s以上洪水风险的投保责任也有问题。不论业主还是承包商对洪水风险投保，保费即风险转移成本总是由业主承担。既然合同要求承包商必须对合同工程投保一切险，保险费计入合同报价，就没有必要将洪水风险的投保责任分成两段，13500m³/s以上洪水由业主投保。仅就13500m³/s以上洪水的特殊项目投保，若业主另外选择其他保险公司，势必会导致风险事故发生后的责任认定及赔偿困难。若在承包商选定的保险公司投保或委托承包商代办投保，保险责任的认定和索赔都相对简单，对业主比较有利。从实际发生的保费情况看，若保险合同将洪水风险全部划归承包商投保，对承包商的竞争性报价并无实质影响，因为这部分保险费用在全部工程造价中所占的比重很小。业主既已在战略上确定主围堰采用30年一遇洪水标准，工程质量是否能够达到30年一遇洪水标准就成为该工程的风险目标，业主或承包商既然投保了工程一切险，保险公司就应承保影响该风险目标实现的相关风险，据此确定保险责任、保险金额及保险费率。由于建筑工程一切险等保险费计入工程造价，最终由业主承担，因而选择由谁投保就不受经济利益的影响，主要应考虑投保人投保后是否便于风险事故索赔，并与保险合同的保险费率、保险责任等要素统一考虑。总之，二滩工程规定业主对13500m³/s以上的洪水风险另行选择保险人投保的合理性值得商榷。

第七节 建筑工程合同风险的产生及其表现形式

随着科技创新的迅速发展，新材料、新工艺、新技术不断地被应用到建筑领域，使得现代工程的规模越来越大，使用功能高且多样化。参加建设的单位及专业也越来越多,而且工期要求越来越短,还有不可摆脱的自然环境、现场条件及社会因素的影响。因此，几乎没有不存在风险因素的工程。

一、建筑工程合同风险的产生

工程合同存在风险的主要原因就在于合同的不完全性特征，即合同是不完全的。不完全合同是来自经济学的概念，是指由于个人的有限理性，外在环境的复杂性、不确定性，信息的不对称，交易成本以及机会主义行为的存在，合同当事人无法证实或观察一切，故而造成合同条款的不完全。与一般合同一样，工程合同也是不完全的，并且因为建筑产品的特殊性，致使工程合同的不完全性的表现比一般合同更加复杂。

（1）合同的不确定性。由于人的有限理性，对外在环境的不确定性是无法完全预期的，不可能把所有可能发生的未来事件都写入合同条款中，更不可能制定好处理未来事件的所有具体条款。

（2）在复杂的、无法预测的世界中，一个工程的实施会受到各种各样风险事件的影响,人们很难预测未来发生事件,无法根据未来情况作出计划,往往是计划不如变化,如不利的自然条件、工程变更、政策法规的变化、物价的变化等。

（3）一个合同有时会因为语句的模棱两可或不清晰而可能造成合同的不完全，容易导致双方理解上的分歧而发生纠纷，甚至发生争端。

（4）由于合同双方的疏忽，未就有关的事宜订立合同，而使合同不完全。

（5）交易成本的存在。因为合同双方为订立某一条款以解决某特定事宜的成本超出了其收益而造成一个合同是不完全的。由于存在着交易成本，人们签订的合同在某些方面肯定是不完全的。缔约各方愿意遗漏许多意外事件，认为等一等、看一看，要比把许多不大可能发生的事件考虑进去要好得多。

（6）信息的不对称。信息的不对称是合同不完全的根源，多数问题都可以从信息的不对称中寻找到答案。建筑市场上的信息不对称主要表现为以下几个方面。

1）业主并不真正了解承包商实际的技术和管理能力以及财务状况。一方面，尽管业主可以事先进行调查，但调查结果只能表明承包商过去在其他工程上的表现。由于人员的流动，承包商的实际能力可能随时发生变动。另一方面，由于工程彼此之间相差悬殊，能够承担这一工程并不能说明同一承包商也能承担其他工程。所以，业主对承包商并不真正了解。而承包商对自己目前的实际能力显然要比业主清楚得多。同时，业主也并不知道他们想要得到的建筑物到底应当使用哪些材料，不知道运到现场的材料是否符合要求，而承包商对此却比业主要清楚得多。

2）承包商也并不真正了解业主是否有足够的资金保证，不知道业主能否及时支付工程款，但是业主要比承包商清楚得多。

3）总承包商对于分包商是否真有能力完成，并不十分有把握，承包商对建筑生产要素掌握的信息远不如这些要素的提供者清楚。

（7）机会主义行为的存在。机会主义行为被定义为这样一种行为：即用虚假的或空洞的，也就是非真实的威胁或承诺来谋取个人利益的行为，即只顾眼前获利而不顾长远后果。经济学中通常假定各种经济行为主体是具有利己性的，所追求的是自身利益的最大化，而最大化行为具有普遍性。

损人利己的行为可分为两类：一类是在追求私利的时候，附带地损害了他人的利益，例如，一个生产者在生产的时候排放出了一定量的废气，造成了环境污染，从而损害了他人的利益。这在经济学中属于“外部效应”问题，这种类型的损人利己是由于技术上的原因，才导致在利己的时候损害了他人。而另一类损人利己的行为则纯粹是人为的、故意的，纯粹是以损人利己为手段来为自己谋利，其典型的例子，如偷窃、欺骗。而利用他人信任的机会损人利己，这类行为才被称为机会主义行为。经济学上的机会主义行为主要强调的是用掩盖信息和提供虚假信息损人利己这一层含义。

任何交易都有可能发生机会主义行为，机会主义行为可分为事前的和事后的两种。前者不愿意袒露与自己真实条件有关的信息，甚至会制造歪曲的、虚假的或模糊的信息。而事后的机会主义行为也称为道德风险。

事前的机会主义行为可以通过减少信息不对称部分地消除，但不能完全消除掉，而避免事后的机会主义行为的方法之一，就是在订立合同时进行有效的防范和在履约过程中进行监督管理。

防止别人损害的办法，就是设法取得更充分的信息——发掘出一切被掩盖的信息，揭穿一切虚假的信息，防止上当受骗。

经济生活中的一个特点，就是未来具有不确定性，因此，要事先想到各种可能发生的情况并加以预防。例如，市场价格在未来可能发生变化，交易双方都可能在未来的某一天遇到天灾人祸，可能面临破产倒闭，政府的法规政策可能发生变化，国际上可能发生战争等。要想防止交易双方中的任何一方利用这些不确定的但是可能发生的变故，违反合同，损害另一方的利益，就要事先把各种情况都想到，事先确定出各种情况下双方的权利和义务，确定合同的履行办法。

在签署了交易合同之后，只要整个交易还没有完成，就不能掉以轻心，因为还要监督和检查合同的履行情况，防止合同当事人任何可能的违约行为。这种违约行为属于事后的机会主义行为，如甲方要随时监督、检查施工质量，防止偷工减料等。

二、工程合同风险的表现形式

工程合同风险是指合同中的以及由合同引起的不确定性。建筑工程合同风险的表现形式有主观性风险和客观性风险两种。

（一）合同的主观性风险

合同的主观性风险是指由于人为因素引起的风险，且通过人为干预能够起到控制风险作用的合同风险。在建筑工程施工合同中，主观性风险主要来自发包人或业主。它包括发包人或业主能否按照合同要求履行自身的义务，是否是真正的项目业主等，同时考虑其能否按照合同支付工程款项、项目手续办理是否合法、是否会结算工程款等。另外，有些发包人和业主双方都无法确定对方是否能够履行合同，如业主没有依照合同履行义务，会导致发包人难以进行正常的工程建设，资金不到位致使建设材料也难以到位，进而就会影响到施工的开展，这些潜在的不确定性均会给施工合同带来很大风险。除此之外，有些业主凭借在市场竞争中的优势地位，常常在合同中拟定很多苛刻的条款，而承包商为了争取项目，只能忍气吞声接受合约条件。有些承包商仅考虑工期和价格，而忽视了其他条款，如保险、索赔、风险担保、经济损失赔偿等条款，签订合同的随意性和盲目性较大。当处于这类不平等的合同条约中时，在很大程度上增加了施工合同的风险。

（二）合同的客观性风险

客观性风险与主观性风险刚好相反，客观性风险是指难以通过人为因素进行控制，且风险无法确定的一种风险，如市场波动（如材料的市场价格变动）、法律政策调整、天灾人祸等，这些都属于不可预知的客观性风险因素，且无法或难以进行防范，只能面对风险。客观性风险对项目的顺利实施会产生不同程度的影响。就目前而言，国家的宏观调控能在一定程度上控制这类型的风险，但在具体的施工合同中，不能仅依靠这一防范手段，而需采取多种方式积极应对。

第八节　建筑工程合同风险管理实施

一、合同风险管理的基础和前提

合同风险管理的基础和前提是项目风险，即一个项目建设的全过程中，所有可能的各种风险。

表 7-3　建筑工程项目风险的内容

分类	风险名称	详细描述
环境要素风险	法理风险	如法规不健全、方法不依、执法不严，法规的调整变化，法规对项目的干预；人们对法规的不了解，工程中有可能的犯法规的行为等
	经济风险	国家经济政策的变化，建筑市场、劳动力市场、材料设备供应市场的变化等
	自然风险	自然灾害，恶劣天气或周阳项目的干扰等
	社会风险	社会治安的稳定性，劳动者的文化素质、社会风气

续表

分类	风险名称	详细描述
行为主体风险	业主	（1）业主违约、随意变更工程又不赔偿，非法干预施工； （2）不加及时完成合同责任，如不及时提供施工场地，不及时支付工程款等
	设计 施工 单位	（1）设计单位设计错误； （2）施工单位施工能力不足； （3）设计单位与施工单位配合不力等
	监理等 咨询单位	（1）能力差，积极性弱； （2）职业道德问题
管理过程要素分析	高层战略风险	指导方针、根略思想有错误，导致项目目标设计错误
	调查预测风险	风险预测失误
	项目决策风险	错误的选择，错误的决策等
	项目策划风险	风险策划水平不高，导致失误等
	项目设计风险	设计错误、设计不经济，设计变更频繁等
	项目计划风险	招标文件的不完整性，合同条款不准确、不严密等
	实施控制风险	合同履行风险、供应风险、新技术新工艺风险、工程管理失误风险等
	运营管理风险	准备不足，无法正常运营等

二、合同风险的处理对策

合同中的问题和风险总是存在的，不可能绝对完美。有利合同的签订，不可能完全杜绝风险的发生。合同一经签订，即使对自己非常不利的条文也不可能直接单方面进行修改。因此，合同管理人员在合同实施过程中，首先是发现合同中的风险，然后是根据工程实际分析风险发生的可能性，采取技术上、经济上和管理上的措施，尽可能避免风险发生，从而降低风险损失。

（一）组织措施

对风险较大的工程项目应派一名得力的项目负责人，配备能力较强的工程技术人员及合同管理人员，组建精明强干的项目管理班子。对风险较大的某一项工程，应成立专门的指挥管理组织，调配经验丰富的专家组织攻关。

（二）技术措施

对工程设计变更及费用调整较大的合同款项应采取技术措施为主的对策。如设计变更较多且费用调整受限制的工程，应召集有丰富经验的工程技术人员，全面分析可能变更的各种问题，提出双方能够接受的，且乙方便于施工、费用少调或不调的合理化建议，从而减少乙方增加施工成本而得不到补偿的变更，或提出合理建议后甲方能主动提出修改设计，使问题脱离对乙方有风险的合同条款限制。

（三）经济措施

对工程风险较大的某一部分工作，为避免违约承担风险，可采取相应的经济措施减少风险损失。在工程中常见的情况有：在雨期施工前抢施地下室及基础工程；在冬期施工前抢施结构及湿作业工程；在竣工交用前大幅度增加人员，增加工作班次以保证工期顺利。所有采取的这些抢施工程无非是增加了机械设备，增加施工及管理人员，增加工资、奖金或加班费用。但这些支出使乙方保证了施工进度，保障了信誉，避免了风险。从经济观点上说，所采取的经济措施费用比承担风险实际损失要合算得多。

（四）加强索赔管理

在工程施工中加强索赔管理，用索赔和反索赔来弥补或减少损失，是施工单位广泛采用的风险对策。认真分析合同，详细划清双方责任，且注意合同实施中每一事件的详细过程，寻找索赔机会，通过索赔和反索赔提高来合同总价。争取总价的调整，从而达到风险损失补偿的目的。

（五）组建联合体，共担风险

在一些大型工程项目中，由于专业技术、工程经验和处理工程风险能力的不同，乙方应注意发挥自己的长处，同时避免自己的弱项，并与其他专业工程单位组建联合体，共同分担风险。由于专业公司具有各种情况下的施工经验，都具有较强的处理合同风险的能力。

合同中必然存在的风险条款是合同双方中一方对另一方的制约条件。在合同实施中，当双方都能认真执行合同、履行自己的责任、合作满意时，双方都可能在不影响总目标的情况下，不甚计较个别条款的严格程度。乙方有时可利用这种友好的气氛，对一些隐含风险的条款进行有利于自己的解释，并作为合同的补充文件形成有效资料，使一些本来对自己不利的条款得到化解，使风险分担比较合理。

（六）当履约比毁约损失更大时，果断毁约

这是极少见的特殊情况，但却是客观存在的事实。当采取欺骗手段签订合同时，

受骗一方往往只有当合同实施到一定程度时才发现自己上当受骗。这时应认真分析履行合同的后果，确定是否有继续履行的必要。当履行后的损失远大于毁约的损失时，应果断毁约。

采取上述措施的效果取决于每一工程的实际情况，针对某一风险可以同时采取多方面的措施，但关键问题是管理人员的实际工程管理经验和对合同风险分析能力及应变能力。

（七）风险跟踪，实行动态管理

找出合同中的风险条款，确定相应的对策，并不意味着风险问题的解决。在工程合同实施错综复杂的变化中，只有进行风险跟踪，才能更好地解决合同风险问题。风险跟踪可以起到以下作用。

（1）进行风险跟踪，可以及时掌握风险发生、发展的各种情况。当发现与事先预测有较大出入时，可及早采取新的对策，调整工程安排，以控制风险的发展。

（2）进行风险跟踪，及时对风险损失情况及采取的对策的效果进行评价。对风险发展趋势和结果有一个清醒的认识，以便采取果断措施。

（3）在合同风险跟踪过程中，可能会发现新的索赔机会，为反索赔做好准备工作。

（4）进行风险跟踪，可以积累大量的防止或减少风险的实际资料，为制定新的风险对策，签订对自己有利的合同提供宝贵的经验。

第八章　建筑工程保险防损与索赔理赔

从宏观保险经济学角度看，除了采取风险防范措施降低风险损失外，保险本身并不能降低风险发生的概率和风险损失，只是将风险责任转移给保险人。从保险双方的整体利益来看，保险人应积极采取防灾减损措施，降低保险人和被保险人的风险损失。尽管防损措施可以减少损失，但并不能完全避免损失。如果保险标的在保险期限内发生了保险责任内的事故，被保险人等保险金请求权人可以依据保险合同向保险人索赔，保险人应按保险合同及相关规定进行理赔。

第一节　工程保险防损

在工程保险过程中，保险人积极参与防损工作是保险服务的基本环节。同时，投保人也必须积极配合，进行防灾减损工作。FIDIC 条款规定，投保的项目出险后，承包商应尽快通知保险公司，并统计损失数量和金额，然后再经监理工程师复核，保险公司再对出险情况进行调查核实。按照我国《保险法》规定，投保后投保人必须积极防灾，出险后投保人必须采取积极措施减少损失，否则，保险公司就必须折减赔偿金额。

一、防损概述

防损即防灾减损，是指采取必要措施降低风险发生的可能性，并在风险发生后将风险损失降低到最低限度，减轻损失程度。防损对于保险人和投保人都是积极的风险处理措施。

在工程保险实务中，防损工作应遵循以下原则。

（一）系统性原则

防损工作不能孤立进行，而要贯穿从承保到理赔的全部保险过程。防损工作应站在全局高度，并根据各环节风险程度和工作重点，积极采取相应措施。

（二）针对性原则

防损不能面面俱到，要有重点。保险人应在承保前，根据风险评估结果分析主要风险环节及风险程度，抓住主要环节进行防损，以提高防损工作效率。

（三）指导性原则

保险法规定防损是投保人的义务。保险公司的防灾减损工作重在技术指导，而防灾减损措施应由承包商实施。保险公司应参与安检工作，提出整改意见，并要求承包商则实施。

二、防损措施

防损是与工程保险过程紧密相连的，各个保险阶段都要有一定的对应的防损措施。

（1）承保控制在承保阶段，为了防止由于信息不对称而出现的逆向选择问题，在初期风险评估基础上，应提出控制承保风险措施，包括保险条款控制、逆向选择控制、保险优惠控制、风险分保、附加限制性条款等。

（2）风险发生前的防损在保单签订后就应开始防损，可采取的措施有风险预警制度，及时发现风险隐患；技术服务，保险人利用专业经验为投保人提供风险管理技术服务。

（3）风险发生时的减损。当风险一旦发生，保险人与投保人应共同采取施救保护措施，并同时做好善后处理，将损失降到最低限度。我国《保险法》已明确规定，出险以后，投保人或被保险人有责任采取必要措施，防止和减少损失。风险损失发生期间为减损而支付的必要费用由保险人承担。

第二节　工程保险索赔

一、工程保险索赔概述

工程保险索赔是指被保标的出险后，保险金请求权人告知保险人出险，并且提供相关依据，向其提出损失赔偿要求。保险金请求权人包括投保人、被保险人、受益人、委托代理人等。索赔申请一般是在保险事故发生后，应立即通知保险人，提出索赔要求。索赔申请时间最迟不得超过条款规定时限，否则之后增加的费用由保险金请求权人承担。

二、工程保险索赔时效

民法中的时效是指一定事实状态经过一定时间导致一定民事后果的法律制度。根据时效的前提条件和发生的后果，时效分为取得时效和消灭时效。我国《保险法》规定的时效特指赔偿请求权的消灭时效。在《保险法》公布以前，保险赔偿的时效通常在各个险种的保险条款中规定，有的规定为 1 年，有的规定为 2 年。针对这种情况，《保险法》对保险赔偿时效作了统一规定。《保险法》第 27 条规定：除人寿保险以外的其他保险的被保险人或者受益人，对保险人请求赔偿或者给付保险金的权利，自其知道保险事故发生之日起二年不行使而消灭。这一保险赔款请求权时效的规定适合除人寿保险以外的其他各类险种，自然适用于工程保险，因而建筑工程保险的索赔时效是两年。保险赔偿请求权人应在得知事故损失发生后的两年内，向保险人提出索赔要求，如果在此期间不行使任何求偿权利，则该保险赔款请求权在两年以后会自动灭失。

三、工程保险索赔程序

保险金请求权人在出险后，应按照一定程序向保险人索赔。

（1）通知出险以后，应及时将出险事故情况通知保险人，包括出险地点、时间、损失程度、出险原因等情况。建筑工程保险合同出险通知期限一般表述为“立即”或“及时”。但这些都是模糊概念。为了便于操作，保险当事人应在保险合同中明确规定具体出险通知期限。

（2）施救和减损通知保险人出险的同时，还应采取必要措施开展救助行动。只要施救费用不高于施救标的现存价值就是可行的。

（3)填写索赔报告。在保险损失事故已经确定的情况下，应以书面形式告知保险人，填写索赔报告。索赔报告应包括出险原因、出险经过、损失情况、请求赔付金额等内容。

（4）接受检查。保险人在接到出险通知和索赔申请后，应进行事故现场勘察，核实出险情况、损失程度，核算损失赔付金额。被保险人或受益人应协助保险人并接受其检查。

（5）提供索赔文件。保险金请求权人提出索赔申请时，应提供相关索赔文件，作为索赔依据。

（6）其他处理工作。保险金请求权人在索赔过程中还有一些零星工作：协助保险人勘察和核定损失；处理损余财产；领取保险金；当涉及第三者责任，在领取保险金后应开具权益转让书，这样保险人拥有代位追偿权。

四、工程保险索赔依据

在被保工程保险标的出险后，索赔申请人应尽快通知保险人，并按保险人的要求提供事故报告、保单、损失清单及其他有关的工程保险索赔资料。资料应能证明索赔对象及请求赔付人的索赔资格、能够证明索赔动因成立并且其属于理赔人责任范围和责任期间。同时，承包商应提供施工期间的重要业务资料、受灾情况调查、修复处理方案及费用和重要的财务资料。施工期间的重要业务资料主要包括人工、设备材料、财务三部分。人工部分包括工人劳动计时卡、工人工资表、工人计时和计件工资标准、福利协议等。设备材料部分包括设备材料零配件采购订单、采购原始凭证、收讫票据、领用单、租赁设备和委托加工协议等。财务部分包括费用支付和收款单据、会计月报表等。

五、工程保险索赔的关键问题

在被保标的出险后，保险金请求权人应向保险人通知并请求赔付，也可以委托保险公估机构代理索赔。在工程保险索赔过程中，一般应注意如下问题。

（一）在保险期间应将有关材料存档

工程保险索赔比其他财产保险或寿险复杂的重要原因之一是索赔资料复杂。由此可见，投保人或被保险人在保险期间应收集和分类存档与索赔有关的资料。

（二）及时通知并采取减损措施

我国保险法规定保险金请求权人应及时通知保险人出险并采取减损措施。这是其应履行的义务。在出险后，投保人或被保险人应保护现场，拍摄事故现场照片，及时通知保险公司，并采取必要和可能的措施减少损失，由此发生的合理费用由保险公司承担。否则，保险金请求权人要承担相应责任。

（三）求助监理工程师或中介机构

出险后，保险公司要对事故责任和损失程度进行鉴定。如果保险金请求权人对保险公司鉴定结果不满，可以寻求监理工程师或中介机构等第三方帮助。监理工程师根据职业经验作出初步判断。若对结果仍不满意，可以委托保险公估机构或工程咨询机构等进行鉴定。

第三节　工程保险理赔

一、工程保险理赔概述

理赔是指保险人在发生保险责任事故时，按照保险合同规定承担保险赔偿和给付责任。理赔是保险人必须履行的义务。我国《保险法》第 23 条第 1 款规定：保险人收到被保险人或受益人的赔偿或给付保险金的请求后，应当及时核定；对属于保险责任的，在与被保险人或受益人达成有关赔偿或给付保险金的协议后十日内，履行赔偿或者给付保险金义务。若保险合同对保险金的赔偿或给付期限另有约定，就按保险合同约定履行。

二、工程保险理赔的近因原则

保险理赔遵循的一条重要原则是近因原则。近因原则是指按照造成损失的有效原因来判断理赔责任。保险公司只对与损失有直接因果关系的承保风险所造成的损失负赔偿责任，而对不是由承保风险造成的损失，不负赔偿责任，这就是我国保险法规定的近因原则。建筑工程保险合同的保险责任条款中，除外责任规定了不在承保范围的各种风险。如果保险事故直接是由这些除外责任风险造成的，保险公司不负赔偿责任。相反，如果事故风险直接是由承保风险造成的，保险公司应按合同规定承担相应赔付责任。利用近因原则判定责任时，共分成四种情况进行讨论。

（一）单一原因造成的损失

这种情况比较简单，只要判断这一原因是否属于保险责任范围即可。若是，保险公司赔偿；若否，则保险公司不赔偿。

（二）多种原因同时发生造成的损失

如果多种风险因素对事故损失都起着重要影响，那么应该逐一研究风险因素是否属于保险责任。如果各种风险因素导致的损失能够区分开，则保险公司负责赔偿属于保险责任内的风险因素导致的损失。如果不能划分开，则双方协商赔付。

（三）多种原因连续发生造成的损失

如果前后风险原因存在必然的因果关系，且前后原因之间的因果链未中断，那么根据前因是否属于保险责任范围来判断最终是否赔偿。如果前因在保险责任内，则保险公司负责赔偿；若前因不在保险责任内，后因是前因的必然结果，即使后果在保险责任内，保险公司也不负责赔偿。

（四）多种原因间断发生

当多种原因间断发生时，依据新出现或者独立的风险原因是否在保险责任范围内来判断。如果在保险责任范围内则赔偿，不在保险责任范围内则不赔偿。如果新出现的风险因素与前面发生的风险因素有关，则按照前一种情况来判断。

三、工程保险理赔程序

保险人及时准确地赔付保险责任范围内的事故损失是保险法明确规定的保险人的义务。保险人及时、高效、足额地赔付被保险人，对于保险公司经营具有一定战略意义。理赔是保险产品的重要组成部分，关系消费者对保险产品的满意度，而且具有示范效应。保险理赔服务质量将影响消费者对保险产品的进一步需求。现实中，很多人买了保险之后，一旦出险再获得赔付很困难，理赔案件久拖不决，严重影响了人们的保险消费信心和积极性。因此，保险公司制定高效理赔程序对于提高工程保险理赔效率至关重要。

建筑工程保险的损失原因分析和损失估算非常复杂，因而其理赔过程也很复杂。工程保险理赔主要经历六大步骤。第一进行查勘前准备，审阅保险单，了解险情；第二进行现场勘察，主要是查勘受损项目，清点损失；第三是事故调查，分为初步调查、详细调查和技术测试鉴定；第四是进行灾害事故原因及责任分析，原因分析适用近因原则，责任分析主要认定是保险责任还是除外责任；第五是审核财务情况；第六是进行赔偿处理。

在工程保险理赔中，要保证理赔的效率和效果，必须处理好三个关键问题。

（1）理赔责任审核

保险公司在接到出险通知后，应进行出险调查，以便确定已发生的风险损失是否在保险责任内，是否承担赔偿责任。在保险实务中，保险人一般通过调查如下问题来明确是否应该理赔：

①保单是否仍有效；

②出险事故是否在保险期限内；

③出险财产或人员是否属于保险标的；

④按照近因原则分析，出险原因是否属于保单规定的承保风险；

⑤请求赔偿人是否具备请求权；

⑥保险事故发生的结果是否构成要求赔偿的要件；

⑦损失发生时，投保人或被保险人对保险标的是否具有保险利益。

（2）出险原因调查

在接到出险通知后，保险公司应进行现场勘察，收集出险现场相关资料，了解保险标的受损情况，查明出险原因，进一步核实诱发事故的风险是否属于保险责任范围。

（3）损失核算

工程保险标的损失核算包括两部分。一部分是保险标的实际损失计算，首先分清哪些属于保险标的的实际损失；其次是估算损失程度，损失程度应根据现场勘察报告辅以其他材料和专家意见；最后是计算实际损失，以实际损失乘以损失程度计算。另一部分是直接费用，包括保险事故发生时为抢救和保护保险标的而发生的合理费用。我国保险法规定，直接费用应由保险人偿还。

四、工程保险理赔估算

我国《保险法》第四十条规定："保险标的的保险价值，可以由投保人和保险人约定并在合同中载明，也可以按照保险事故发生时保险标的的实际价值确定。保险金额不得超过保险价值，超过保险价值的，超过的部分无效。保险金额低于保险价值的，除合同另有约定外，保险人按照保险金额与保险价值的比例承担赔偿责任。"这是工程保险理赔应遵循的总原则。工程保险属于综合险别，既包括机器设备险等一般财产损失险种、人身意外伤害险等人身保险险种、雇主责任险等责任险险种，也包括建筑工程一切险等全险保险，其中以建筑安装工程为主要保险标的的建筑安装工程全险为主要险种。这里按照不同险别分别说明建筑工程保险的理赔估算（简称理算）。

（一）固定资产的理赔估算

针对固定资产的理算，应分别按照固定资产发生全部损失和部分损失两种情况处理赔偿。

1. 全部损失赔偿理算

全部损失赔偿简称全损赔偿，是指保单规定的全部标的财产或单项标的财产全部损失。部分损失赔偿简称分损赔偿，是指实际损失未达到保险单载明的保险金额。一种情况是当保险标的发生全损时，无论保险金额以何种方式确定，应首先去比较保险金额与重置价值。当受损财产的保险金额高于出险当时的市场重置价值时，赔偿金额以不高于重置价值为限赔偿。当受损财产的保险金额低于出险当时的市场重置价值时，理算方法有两种。

2. 部分损失赔偿理算

部分损失赔偿简称分损赔偿。对于分损赔偿理算又分两种情况。一是以账面原值投保的情况。按照账面价值投保的财产发生保险责任范围内的损失，应将保险单列明的保险金额与受损财产出险时的市场重置价值比较。如果保险金额高于市场重置价值，以市场重置价值赔偿。如果保险金额等于或低于市场重置价值，按照不同的理赔案件处理方式理算保险赔款。当保险人采用支付赔款方式处理理赔案件时，保险赔款 = 保险金额 × 受损财产损失程度 × 投保比例；当保险人采用修复或重置方式处理理赔案件时，保险赔款 = 受损财产恢复原状的修复费用 × 保险金额 ÷ 市场重置价值。例如，一项投保了建筑工程一切险的路网建设工程，在保险期期间，泥石流冲毁了部分路基。按照出险当时的市价计算，修复该段路基共花费材料费、人工费等费用 60 万元。该段工程的保险金额是 500 万元，出险当时的市场重置价值是 800 万元，随后承包商向保险公司索赔。保险公司采用修复赔偿方式，理算的保险赔款为：60 × 500+800=37.5 万元。二是以固定资产原值加成或市场重置价值投保的情况。由于这种情况下的保险金额接近固定资产的实际价值，保险赔款可以直接按照受损财产恢复原来功能所需的实际修复费用计算。假设一台设备投保了设备附加险，保险期间发生损坏，修理该设备共产生费用 60000 元，则保险公司应赔偿保户 60000 元。

（二）雇主责任险的理赔估算

保险公司对于雇主责任险等责任险别的出险损失赔偿，一般遵循实际需要而不是依据实际损失。雇主责任险的出险损失赔偿，一般按照如下标准处理：造成死亡的，每人按照保险合同规定的最高赔偿限额（行业、工种和工作性质不同，最高赔偿限额也不同，一般按照雇员若干月的工资收入计算）给付；造成伤残的，按照伤残程度理算给付；永久丧失全部工作能力的，按照最高限额给付；永久丧失部分工作能力的，根据伤残部位和程度，参照本保单所附的雇主责任赔偿金额表规定的比例乘以最高限额给付；造成暂时丧失工作能力超过规定天数的，经医生证明，按照被保险雇员的工资计算给付。假设某建筑工人在施工中从空中坠落，导致身体多处骨折和大脑损伤，永久丧失了从事有关建筑工作的能力，参照本保单所附的雇主责任赔偿金额表，应该得到的赔偿比例是70%，若其被投保的最高赔款限额是6个月的工资1.5万元，则该工人可以得到的赔款为：1.5万元 ×70%=1.05万元。

（三）意外伤害险的理赔估算

意外伤害保险是与建设安装工程有关的险种，它属于人身保险险种。国外一些工程保险业发达的国家都推行强制性的意外伤害保险制度，如美、英、法等国在建筑业实行强制性意外伤害保险制度。雇主、承包商可为雇员投保意外伤害险，雇员本人也可投保该险种。我国也在一些城市探索实施强制性意外伤害保险。以深圳市来说，意外伤害保险的保障标准是每位施工人员8万元的意外伤害补偿和2万元的医疗费。被保险人在保险期间因遭受意外伤害而造成伤残、死亡、支付医疗费用或暂时丧失劳动能力的，依据伤残情况和医疗费用支出额，结合当地的伤残或死亡给付标准进行相关赔偿。

（四）在建项目的理赔估算

对于正在建设或安装尚未转入固定资产的工程保险项目的索赔，一般按照受损项目的重置价值确认损失。有时可能出现损失金额超过保险金额的情况，这时保险人的赔偿责任以不超过保险金额为限。建筑工程保险合同的保险金额通常按照预算金额计算，保险金额可以根据投保工程的实际造价的变化而调整，最终以决算额为准。目前的工程保险理赔实务出现了按照工程造价理赔的方法。由于工程项目的保险金额是以投资概算表列示的工程造价确定的，因此损失理算也应该按照出险当时的工程造价计算理赔。按照工程造价理赔就要求明确工程造价的构成，清晰地界定出属于保险范围的造价费用项目。因此，有必要先来了解工程造价构成。一般情况下，工程造价主要由建筑费用、安装费用、设备费用和其他费用构成。如若承包商对整体建筑工程全额投保了一切险，那么应按照建筑工程造价表的四项费用总和作为保险责任计算理赔；如果进行部分投保，就应分清损失项目是否是保险项目。另外，部分投保即不足额投保的保险金额应按照损失金额与该保险标的的投保比例的乘积理算。

建筑工程造价主要内容如下所述。

建筑费用

1. 房屋建筑工程和水、暖、电气等设施的费用及装设、油饰工程的费用，各种管道、电力、电信和电缆导线铺设工程费用。

2. 设备基础、支柱、烟囱、水塔等建筑工程及窑炉的砌筑工程的费用。

3. 场地平整以及临时用水、电、气、路和完工后的清理美化等费用。

4. 修建铁路、公路、桥梁及防洪等工程的费用。

安装费用

1. 机器设备的装配费用，与设备相连的工作台、梯子、栏杆等装设工程，附设于被安装设备的管线敷设工程，被安装设备的绝缘、防腐、保温、油漆等材料费和安装费。

2. 对设备进行单机试运转和系统联动的调试费。

设备费用

1. 为工程建设项目购置或自制的达到固定资产标准的设备、工具、器具的费用。

2. 新建项目、购置和自制设备、工器具，不论是否达到固定资产标准，均计入设备费用中。

3. 设备运杂费，指设备供销部门手续费，包括材料费、运输费、装卸费、采购费等。

其他费用

1. 土地转让费，包括土地征用及迁移补偿费。

2. 与项目建设有关的费用，包括建设单位管理费、勘察设计费、研究实验费、财务费用。

3. 与未来生产经营有关的费用，包括联合试运转费、生产准备费等。

4. 预备费，包括基本预备费和调整预备费。

这里以中国人民保险公司唐山分公司的一项工程保险项目为例，说明依据工程造价进行保险理赔的问题。某钢铁公司的新炼钢厂于 2000 年 6 月 27 日向保险公司投保了工程综合险附加机损险，保险期限一年。该厂虽已竣工并投入生产运营，但资产尚未转入固定资产，保险公司按预算工程造价承保。2001 年 5 月 18 日，因电器短路供电突然中止，致使炼钢车间钢水包在回转台上未能脱钩而无法浇铸，钢水全部铸在包中，造成钢水包报废。事故发生后，该保户以钢包壳损失 563754 元和钢水包内耐材损失 155706 元，向保险公司合计索赔损失 719460 元。保险公司理赔人员核查保户设备费用明细账，认定设备费用项下的受损钢水包金额 563754 元属实，并且经走访有关人员和翻阅技术资料，认定更换钢水包耐材损失 155706 元属实。

对于该保户上述两项费用的索赔要求，保险公司认为，已转入固定资产的设备账面价值应等于购置成本、安装费用和其他费用之和。如果设备在转入固定资产后投保，应按照账面价值即上述三项费用之和去计算保险金额，但是尚未转入固定资产的在建项目的价值应按照工程造价构成计算。既然保户是按投资概算表的设备费用足额投保的，而设备费用和安装费用又是在投资概算表中分项列示的，所以保险公司只对设备费用承保，而与设备相关的安装费用不予承保。

我国现行建设工程造价由四部分构成，即建筑费用、安装费用、设备费用和其他费用。该保户全额投保了设备费用部分，也就是将购置或自制的全部设备、工器具按原价加运杂费参加了保险，钢包壳在其中。被安装设备的绝缘、防腐、保温、油漆等材料费和安装费以及与设备相连的工作台、梯子、栏杆等装设工程、附设于被安装设备的管线敷设工程等（本案中的包内耐材），因属于安装费用没有参加保险。经保险公司建设工程造价的规定，该保户对钢水包内耐材不属于保险合同中的保险标的表示理解。该案最终对价值 563754 元的报废钢包壳扣除残值和免赔额后，以赔偿 487829 元结案。而更换钢水包耐材损失 155706 元，因不属于承保范围，故不予赔偿。

保险理算还应注意免赔额问题。计算赔偿金额应按照合同规定扣除每次事故的免赔额，扣除额度和方式按照合同约定处理。在扣除免赔额时应注意四个问题：一是针对合同规定的不同项目的免赔额分项扣除；二是如果一次事故中有多个保险项目发生损失，那么只能选择其中最高的免赔额扣除；三是如果免赔额和免赔率同时适用时，选择免赔额最高的扣除；四是按照保险合同约定的免赔条款和法律规定的免责条款扣除免赔额。

保险标的出险以后，往往需要施救或保护，因此而发生的必要的且合理的费用由保险公司负责赔偿。对于实际发生的损失以不高于保险金额为限赔偿。施救费用赔偿和标的财产损失赔偿是分别理算的。假设某承包商投保了建筑工程一切险附加机器损失险，被保险一方施工设备在保险期间发生损失 50 万元，该设备以账面原值投保，保险金额是 80 万元，出险当时的市场重置价值是 100 万元，另外出险以后，发生施救费用 5 万元（经理赔人员核实这笔施救费用属实也合理），则这台施工设备的赔款分为两部分：设备损失赔款为：50 × 80 ÷ 100=40 万元；单独计算的施救费用赔款为 5 万元，被保险人可以得到赔款共 45 万元。

五、工程保险赔偿处理

（一）工程保险赔偿方式

工程保险赔偿方式主要有三种：一是支付赔款，这是比较普遍的支付形式，保险公司根据保险标的的价值和受损程度，核定损失金额数目，以现金支付赔款;二是修复，在遭受损坏的财产可以修复时，保险公司支付修复费用进行重修；三是重置，当修复变得不可能或不经济的时候，保险公司支付费用重新建设能达到原来功能水平的工程。在理赔实务中，具体采用何种赔偿处理方式应视合同约定和出险实际情况而定。

（二）重复保险的处理

在工程保险实务中，有时还会出现同一标的重复保险的情况。重复保险就是投保人对同一保险标的投保两家或两家以上的保险公司，且在同一保险期间的保险标的有重合的部分。我国《保险法》第四章一条规定："重复保险的投保人应当将重复保险的有关情况通知各保险人，重复保险的保险金额总和超过保险价值的，各保险人的赔偿金额的总和不得超过保险价值。除合同另有约定外，各保险人按照其保险金额与保险金额总和的比例承担赔偿责任。"重复保险损失分摊方式通常有三种。

1. 比例责任分摊

比例责任分摊即各家保险公司根据其承保标的的保险金额与总保险金额的比例，作为损失分摊比例计算赔付额。我国《保险法》规定除合同约定分摊方式外，重复保险赔款分摊采用比例责任分摊方式。假设某承包商将一项工程同时向甲、乙、丙三家保险公司投保，三家公司的保险金额分别是 2500 万元、1500 万元、1000 万元，如果该项目在保险期间发生损失 1200 万元，出险当时的实际价值 2500 万元，就按责任比例分摊。

2. 限额责任分摊

限额责任分摊即以各家保险公司在没有重复承保情况下的赔偿金额与其赔偿金额总和的比例，计算各保险公司应分摊的损失赔偿额。假设在上述案例中，在无重复保险情况下，甲、乙、丙三家公司按照非足额投保方式计算赔偿金额，甲的实际赔偿金额为 1200 万元（1200 × 2500 ÷ 2500=1200），乙公司的实际赔偿金额为 720 万元（1200 × 1500 ÷ 2500=720），丙实际赔偿金额为 480 万元（1200 × 1000 ÷ 2500=480），则三家保险公司按照无重复保险情况下的赔偿额与总赔偿额的比例分摊赔偿责任。

3. 顺序责任分摊

按照出单顺序，先出单的保险公司先负责赔偿，赔偿不足的部分由后序出单的保险公司逐一负责赔偿。如果上述案例中的甲、乙、丙三家按顺序先后出单，则 1200 万元的赔款全部由甲公司承担。在保险合同中，应约定好各保险人分担保险赔款方式，让各保险人按照保险金额与保险金额总和的比例承担赔偿责任。

在我国工程保险理赔理论不断发展的同时，理赔实务也处于探索阶段。由于工程保险市场存在严重的信息不对称性，保险理赔过程掺杂着非市场化因素。例如，中国人民保险公司承保的浙东海塘工程，规定发生海塘毁损灾害后，最大理赔额为当年全省投保费的 10 倍。并规定当理赔额超过当年全省保费 5 倍时，防汛部门还需向保险公司增交 20% 的保费。可以看出，保险公司为了锁定承保风险，作出显失市场公平的理赔规定，说明目前我国建筑工程保险合同与信息不对称下的最优保险合同存在一定距离。

第四节　工程保险索赔理赔争议处理

一、争议产生的原因

无论在人身保险还是财产保险的索赔理赔过程中，保险双方出现争议的现象非常普遍。同时工程保险理赔过程出现争议的情况也比较多。产生争议的原因主要有四个方面。第一，保险合同的缺陷引起争议。因为工程承保操作的复杂性和差别化，加之我国尚未出台建筑工程保险合同范本，合同文本的订立存在一定难度，有时可能出现某些条款规定含糊不清甚至存在缺陷。保险双方可能因此而产生争议。第二，对保险合同理解的差异引起争议。建筑工程保险合同条款一般是用专业术语所描述的，被保险人因为保险专业知识限制可能对某些条款理解有偏差，因此而出现有争议的情况。第三，被保险人或其他保险金请求权人的道德风险引起争议。道德风险主要源于工程保险市场信息不对称性。可能引发争议的被保险人或其他保险金请求权人的道德风险主要表现为投保方在投保时隐瞒重要情况，如工程设计缺陷等，或者被保险人或其他保险金请求权人在保险期间未能采取必要措施防灾减损。第四，保险人的道德风险引起争议。在工程保险监管机制不完善的情况下，保险人可能出现逃避保险责任的道德风险。保险人有意拖延核损和赔付或赔付金额不足时，都有可能导致保险金请求权人不满而引发争议。

二、争议处理机制

在弄清楚保险索赔理赔争议产生原因之后，就要有针对性地提出争议处理意见，健全争议处理机制。具体包括以下五个方面。第一，制定建筑工程保险合同范本。合同范本应规定合同主条款及条款下的具体细项及一般表达格式等。保险双方当事人签订合同时，参照合同范本有利于防止合同遗漏或表达含糊情况，尽可能避免因合同缺陷引发争议。第二，补充或修改保险合同。如若因合同内容出现争议，保险人应与投保人或被保险人协商，补充或修改某些条款，增加或修改的内容可以写入批单。第三，积极与客户沟通。保险的实质是“一人有难大家帮”，保险公司销售保险产品就是为被保险人提供人性化服务，因而保险公司应进行人性化经营。人性化经营的重要表现是从投保人或被保险人角度出发，积极与其进行沟通。通过介绍相关保险知识，参与并协助其做好防灾减损工作，加强双方信息传递，以便解决矛盾。第四，寻求中介机构帮助。当双方矛盾不能通过协商解决时，可以寻求第三方帮助。比如双方对损失估算产生分歧时，可以由工程造价咨询机构或保险公估机构以第三方身份，客观公正地测量和估算损失，为双方提供专业鉴定意见。第五，仲裁机构仲裁。当双方争议无法依靠自身力量调和时，可以将争议交由双方共同信任的仲裁机构去调节。争议双方仅涉及国内的企业、组织或个人的，可由国内仲裁机构受理。当争议双方有一方为外方的，当事人要求在我国仲裁的，由中国国际贸易促进委员会对外经济贸易仲裁委员会受理。第六，提起法律诉讼。当争议无法解决时，当事人可以在法律规定时效内，向被告方所在地或保险标的所在地的人民法院提起诉讼，最终由法院裁决。

三、工程保险索赔理赔争议处理案例

1999年新疆路网工程的第十标建筑工程保险合同理赔因保险范围界定不明出现争议。在保险期间发生洪水，施工单位非直接用于永久工程的拌合机、发电机、组合钢模板等机具和材料被洪水冲走，施工单位随后向保险公司提出赔偿请求，但保险公司依据保险合同的条款认为这些施工机具和材料项目不是工程一切险投保项目，不予赔付。而施工单位认为这些机具与材料成本是永久工程合同价的组成部分，工程项目的合同价由完成该项目必须投入的人工费、材料费（包括永久材料和周转使用材料）、机械费（折旧费及使用费）以及相应的间接费组成。于是双方就保险责任界定的理解出现理赔争议，争议的关键点在于损失的这些器具是否属于投保工程的一部分。

虽然上述的施工器具并没有被明确列在工程一切险的保险项目中，也没有单独投保机器设备险，但是上述施工机械设备价值要在后续工程中摊付折旧费，这部分折旧额构成投保工程造价的一部分。从理论上讲，对永久工程投了保，即等于对它的组成部分投了保，出险后应对其理赔。理赔额应该按照这部分机具材料分摊计入合同工程造价的折旧额和分摊额计算。最终，保险公司按照这些机具的折旧额和材料摊销额进行相关赔偿。

从以上案例可以看出，由于我国工程保险刚刚起步，保险人和投保人缺乏经验，工程保险过程仍然存在不完备之处，加之保险范围界定不明引起保险当事人对合同理解出现偏差，所以在工程保险索赔和理赔过程中出现争议是在所难免的。为了避免出现争议，应从以下几方面着手。第一，在工程承包合同签订之后，应尽快落实投保事宜。如果是业主直接投保，承包商也应尽快拿到投保的复印件，详细了解投保范围。如承包商自己投保，选择的保险公司必须经业主同意，投保过程必须使业主理解明白。投保后应使有关合同管理人员了解项目投保内容，做到心中有数。第二，由于工程险只对已完成的永久工程及已进场的合格材料遭受的损失进行赔偿，对未完成工程和未进场的或不合格的材料不予赔偿。这就要求承包商在项目管理中对已完工的项目及时进行交验，及时取得监理工程师的签字确认文件，对进场材料要及时登记，取得监理工程师的签字确认。这也是施工规范化管理的要求，应该成为项目管理的重要内容。这些资料对工程出险索赔十分重要。第三，做好施工日记。在出险索赔工作中，施工日记常常是重要资料。因此，承包商应该完整准确记录施工日记，并由另一个人复核签字。第四，收集出险现场资料。工程照片、工程录像具有更强的直观性，在现场管理中应该认真做好，以便供出险索赔使用。

第九章　建筑工程保险监管

在市场经济环境下，保险业同其他行业的运行模式存在类似之处，运行模式以市场自发调节为基础。但是保险业的健康良性发展不能仅仅依靠保险市场的自发调节。因为市场调节机制存在着本身无法克服的滞后性等缺陷，加之保险业作为敏感的金融行业，运行的稳定性具有很强的波及效应，因而应在保险市场机制之外引入对保险业的宏观调节机制—保险监管。本章在一般的保险监管体系的框架下介绍一般的保险监管知识体系以及工程保险业务监管和工程保险市场监管等相关知识。

第一节　保险监管理论

不同理论或学派对政府在保险监管中的作用的观点不同。这些理论构成了保险监管分析的理论基础。其中比较有代表性的理论观点有公众利益理论、捕捉或追逐理论和监管经济理论。

一、保险监管的公众利益理论

保险监管的公众利益理论认为，政府监管主要是修正源于保险市场失效或某些政治危机导致的资源误配，进而修正对社会福利进行再分配的机制。公众利益理论的参与者主要包括监管者、被监管者、非工业集团（如消费者）和政治集团（如立法机关）。监管者被认为能够对公众利益需求作出反映，且以修正市场失效为目标的仲裁人。其监管过程有助于通过消除垄断而促进市场价格的竞争。

长期以来，人们认为保险市场失效风险将导致保险公司丧失偿付能力甚至破产，从而损害广大被保险人的利益，这是保险业实施法定监管的重要理论基础之一。基于保险市场失效风险将危害公众利益的基本理论，保险监管已被视为维护公众利益的保险实践。在英国，人寿保险公司受1870年颁布的英国人寿保险公司法约束。该法中“自由而公开”的原则说明了保险监管应当促使人寿保险公司披露信息，进而保护公众利益。1914年美国最高法院审理德国安联保险公司诉刘易斯一案时，判定保险是一个“影响公众利益”的行业。我国的胡适博士1933年在《申报》中指出：保险是人们壮年要做老年的准备，强健时要做疾病时的计划。人们购买保险尤其是人寿保险，是牺牲当前的利益来换取未来的保障，保险公司对客户未来的风险的承诺到时是否兑现，关系到社会福利和公众利益。

虽然公众利益理论已成为政府实施监管的理论依据，但对该理论也存在不同的观点甚至批评意见。布纳尔在分析公众利益理论的有用性时指出，由于公众利益理论不能充分解释清楚市场上的某些行为，因此该理论作为解释和预测的框架是不妥的。并且认为，监管者的中立性常常对公众利益有所损害；监管代理人有时成为无能官僚的牺牲品。在新西兰，监管代理人不能对保险公司财务危机进行恰当预测就被认为是缺乏资源、管理不当或管理不严。密特尼克和鲍奥尔则认为由于缺乏财务资金和高素质人员等资源，所以监管代理人不能很好地发挥其作用。密特尼克还批评在公众利益理论中缺乏对公众利益概念的清楚界定。梅尔解释了由于监管技术太复杂，监管代理人对公众利益可能缺乏保护。人寿保险运作的复杂性便是个例子。梅耶斯（MayerS，1981）和史密斯曾指出监管代理人可能通过增加职员人数和提高工作保障水平等方式，引入超常规监管以满足其自身私利，但此行为结果可能是增加官僚，而不是维护公众利益。史密斯还指出：“监管者并不仅是社会财富最大化的力量，相反他们有自身的利益，并可能在监管过程中为追求自己的利益而牺牲一定的公众利益。”此外，罗曼对公众利益理论有不同的见解。他认为公众利益理论不能作为强有力的理论框架的理由有二：一是该理论没有考虑经济现实；二是该理论没有承认政府或监管者可能由一些自利的群体组成。

二、保险监管的捕获或追逐理论

与私有利益理论对称，捕获或追逐理论的大部分内容来自对一些社会利益问题的困惑，是从政治科学的一些文献中产生的理论。该理论认为监管是一个游动的政治过程，且在这样的过程中，监管总是将利益授予捕获或追逐监管过程的那些政治有效的群体。激进理论学家关于捕获或追逐理论的观点认为，监管过程推动了资本主义的利益，同时忽视了劳动者的利益。换句话说，政府对市场缺乏监管或者对市场中消费者的保护不够，主要集团利益占主导优势，有效的政治群体以牺牲一般公众利益作为代价进行捕获。政治群体有关捕获或追逐理论的观点与激进理论学家不同。在政治群体看来，监管并不是仅反映社会中的阶级冲突，而且将监管过程利益授予了杰出利益群体，而且这些杰出的利益群体通常代表着那些原本被监管的行业或者被监管的工业群体。富尔茨认为杰出的行业或工业群体由于拥有经济资源、对有利的结果感兴趣、有稳健的组织资本和行业的专门化知识等，因而他们常常可以成功地追逐监管过程，进而主导社会的其他群体。

捕获或追逐理论涉及监管者或监管机构、被监管行业、政客集团（立法者）和非行业利益者或非工业群体等。在捕获或追逐理论中，政客集团与非工业群体均处于从属地位，被监管行业者则处于主导地位。被监管行业群体追逐或捕捉监管者或立法者或者其过程的理由，正如斯获格勒考虑的：一是排斥外来竞争者和新的市场进入者，从而保护被监管行业或工业群体的市场优势；二是获得国家或政府的补贴，即被监管行业或群体捕捉或追逐监管者的主要目的是期望监管者为自己而不是为公众服务。被监管行业捕捉或追逐监管者的方式方法很难一一列举，他们对监管者的捕获或追逐可能产生不同的后果，如被监管行业控制或者操纵监管者；被监管行业与监管者的活动相互协调，从而使被监管行业或群体的利益得到满足；监管者受被监管行业的影响，自觉或不自觉为被监管行业的利益服务；被监管行业使监管者制定有利于被监管者的政策。

西方国家的人寿保险业中可以找到职业群体捕获监管者的例证，如英国保险业界存在委任精算师制度。此制度要求每个经注册的寿险机构必须雇佣委任精算师，对寿险机构的财务状况和条件进行分析和鉴证，在其财务报表签字后，向保险监管当局提供详细的报告。无论从历史发展还是逻辑的角度来看，在寿险业经营中，精算科学和精算职业是不可或缺的。其在寿险业中的极端重要性已为保险业界所公认。但是有的学者（如约翰斯顿）认为，英国委任精算师制度一方面使得职业精算师拥有人寿保险业中的专门知识和技术，另一方面也使得职业精算师的责任过于集中，对监管过程有着巨大的影响。除委任精算师群体外，注册会计师等群体也可能对监管者实施捕获或追逐。当然，保险业或者寿险业有时因为没有动用其经济资源发展政治技能，或者可能由于保险业缺乏内聚力，导致捕捉或追逐失败。阿达姆斯在对新西兰寿险业的研究中揭示：新西兰寿险业的基金规模决定其理应成为国民经济重要的贡献者，但寿险业一般不能影响政府修正现行市场政策，以阻止银行和其他金融机构进入保险市场，也不能说服政府对年金产品的税收让步，因而限制了寿险业自身的发展。

对捕获或追逐理论的观点同样有不同意见甚至批评。布纳尔拒绝接受激进理论家有关捕获或追逐理论的观点。相反，他认为监管不仅仅服务于大的被监管行业的利益，同时也服务于小的行业甚至个人的利益。罗曼批评政治家们的关于捕获或追逐理论的观点缺乏说服力和预测力，因为政治家的捕获或追逐观点忽视了受到监管者推动的利益，不仅仅与被监管的行业的利益一致，也可能和其他被监管者或不直接受监管群体的利益相一致。

三、保险监管的监管经济理论

保险监管的监管经济理论是在继承和发扬了捕获或追逐理论的合理成分并考虑了公众利益的基础上产生的一种理论。该理论视监管为一种经济产品，其分配由供给与需求决定。基于需求方，监管经济理论认为由于被监管行业拥有其他群体（如消费者和政客集团）更多的信息，所以市场上保险公司常常占据主导地位。基于供给方，监管经济理论认为，只要来自政治上更有效的群体的需求比反对它的群体的需求更为强大，政策制定者将起到监管作用。与公众利益理论不同，监管经济理论认为政府监管不是寻求对市场无效和不公的修正；相反，监管经济理论与捕获或追逐理论有相似的观点，即它们都认为监管的存在保护了个别群体的经济利益。监管经济理论预示被监管的行业群体占主导地位，市场上又存在着大量的相互竞争的组织时，市场对监管有较大的需求；而当市场上存在相对较少的相互竞争组织，特别在卡特尔制度占优势时，被监管行业群体将倾向于自我监管。因为卡特尔提供的内部监管比外部监管更为有效，所以市场对政府监管的需求减少。监管经济理论的参与方涉及监管者、被监管行业、非行业利益者和政客集团（如立法者）。在监管经济理论中，监管者可能是被捕捉或追逐的对象，所以外部监管制度可能被卡特尔制度所取代。被监管行业占主导地位，非行业利益者如消费者占从属地位（一些行业的非工业群体可能由于缺乏工业群体政治技能或者内聚力，而处于劣势地位）。政客集团（如立法者）是一个理论上不起作用的参与者。

一些学者认为监管经济理论较之公众利益理论和捕获或追逐理论，具有更强的预测能力。布纳尔为此提供的理由是：①监管的供求关系取代了直接的捕捉或追逐而可能出现的误解；②监管经济理论提出监管过程参与群体促进其自身利益；③解释了通过卡特尔制度安排和政治上有效的群体对监管过程的主宰，回答了监管为什么或怎样发生的问题。阿达姆斯（1994）在分析监管经济理论时指出：国家或政府常常出于经济考虑（如保护竞争），对一些危机引发的需求作出反应，并提出相应的供给措施。罗曼（1992）也提出当局提供监管措施，可能出于降低保险公司破产、政治和经济成本等的考虑而产生。此外，监管的供给还可能是对政治家自我创造或其他群体（如媒体）引发的需求所作出的一种反应。

保险业中的人寿保险业的运行复杂性常使非职业者要求对其进行监管。一些学者认为，如果消费者发觉缺乏监管将增加保险公司失败的机会，那么保险业将寻求监管以维护消费者的利益。保险公司有时为了保护自身的经济地位而寻求较严格的监管以阻止新的市场进入者；相反，当被监管行业发觉增加的监管于其财富不利时，将积极反对监管。如人寿保险的监管需求对其政府实施监管具有一定的反作用，寿险监管的供给与需求相互适应，促进寿险监管供求达到平衡。阿达姆斯（1994）在对新西兰人寿保险市场的研究中，运用监管经济理论对新西兰保险市场宽松的监管理由作出了解释，即新西兰寿险市场的监管之所以较之英、美等国的寿险监管宽松，是因为新西兰寿险业通过卡特尔制度建立了自我监管方式，进而减少了政治敏感问题；其次寿险协会的努力减少了消费者抱怨情况，表明寿险业通过减少消费者风险而维护了自身的行业利益；最后新西兰寿险业大量依靠再保险，也是寿险市场监管宽松的原因之一。

第二节 保险监管的历史沿革

保险业是比较敏感的金融行业，该行业能否稳定地良性运行将关系到金融体系稳定乃至国民经济的良性循环。如果保险行业仅仅按照市场规律自由发展而不加以管制，可能就出现保险市场机制失灵。因此，保险业除了以市场为基础自由发展外，还需要宏观的保险监管。构建高效率的保险监管体制是保险行业发展所需，更是国民经济良性运行的必然要求。

一、美国保险监管制度的发展

美国拥有世界上规模最大的保险市场和相关资源，保险监管体系的运行已有一百四十多年的历史。美国保险业实行联邦政府和州政府双重监管制度，联邦政府和州政府拥有各自独立的保险立法权和管理权。为了适应监管需要，美国联邦政府建立了以全美保险监管官协会和州保险监管机构为主的保险监管体系。

美国的联邦政府和州政府双重监管制度的历史可以追溯到 1869 年。当时美国最高法院对“保罗诉弗吉尼亚州”案件的判决认定各州享有对保险业进行监管的权力。这意味着各州拥有独立的保险监管权，联邦政府不能介入。保险监管制度发展到 1944 年，最高法院对“联邦政府诉东南保险者协会”的判定，结束了各州拥有独立的保险监管权的历史，意味着联邦可以介入到保险监管。1945 年的“麦克兰—富格森”法案一方面宣布国会承认各州对保险业监管的现行体制和法律，另一方面宣布某些联邦法律将介入保险业的监管。至此，美国的双重保险监管制度正式确立。

美国保险监管的重点是偿付能力和市场行为。偿付能力监管的目标是确保保险公司能够有财力兑现保险承诺。市场行为监管是确保险种、保险费率和交易情况合理公正。传统的偿付能力监管措施是由各州保险法规定设立保险公司的法定最低资本和盈余标准。当保险公司的法定最低资本和盈余标准达不到本州规定的最低标准时，监管机构将会进行一定干预，而现代的偿付能力监管主要通过资本充足性监管来间接控制保险公司的最低偿付能力。美国 1992 年通过了人寿与健康保险公司的风险资本法。

1993年，财产与责任保险的类似法律也得以通过，从而确立了资本充足性监管的法律地位。资本充足性监管是被很多国家采用的偿付能力监管措施。

20世纪90年代前后，保险公司破产案例不断增加，使得有效预防和及时识别保险公司偿付能力丧失成为保险监管的首要目标。因此偿付能力监管已成为现代保险监管的重心。

保险费率监管是市场行为监管的重要内容。对于保险费率，美国通常是放松管制，保险费率通过自由竞争机制而确定。19世纪以来，某些保险险种的费率已经受到政府一定程度的管制，成为政府对保险业进行监管的重要内容。1944年以后到20世纪60年代以前，保险费率普遍受到管制，主要的管制方式是事前审查和批准。从20世纪60年代开始，对保险费率的监管进入重新评估阶段。特别是70年代末，由于利率较高，保险人的投资收益可观，保险人通常订立较低的保险费率，只收取小部分保费就可以满足赔偿的要求，并获得利润。但是80年代以后，随着利率的回落，原先低的保险费率就无法满足赔偿的要求，保险人要求提高保险费率以保证赔偿，而以往的法律对保险费率的限制使保险人无法自主确定保险费率。在这种情况下，对保险费率进行事前审查和批准的监管模式已不适应需要。纽约州等从70年代初开始施行放开管制费率的制度，保险人可以自主决定费率，只需向监管机构备案。但有的州对保险费率还是实行严格管制措施。

美国保险市场实行强制性信息披露制度。其依据是保险市场存在严重的信息不对称，投保人处于信息劣势地位，必须让投保人享有知情权，他们只有掌握足够的信息才能作出理性的选择。为此，美国制定了《消费者保险信息和公平法案》以保护投保人的知情权。同时要求在美国境内营业的保险公司每年必须向保险监管机构提交公司财务审计报告和精算报告。此外，美国还设有评级机构，评级机构把保险公司的财务信息转变成各种易于理解的等级以反映保险公司的财务情况。公开信息制度的实施在相当程度上解决了保险市场信息不对称的问题。并且，美国建立了完善的保险信息系统，为完善保险市场信息披露制度和解决信息不对称问题提供了基础支持。其数据库信息包括约5000家保险公司最近10年的年度财务信息以及最近两年的季度财务信息。除此之外，保险协会还拥有监管信息追溯系统和特别行动数据库等，为保险偿付能力监管和其他金融分析提供资料。

美国在1999年颁布了《金融服务现代化法案》(GLB)，商业银行、证券公司、保险公司得以混业经营。在混业经营的新模式下，保险监管发生了新的变化。美联储被赋予伞形监管者的职能，是金融控股公司的基本监管者。金融控股公司的分支机构仍接受原有的监管模式。金融控股公司的保险部仍受州保险监管署监管。GLB法案是由联邦银行体系监管机构介入保险监管，但州保险监管署进行实质性监管。在业务监管方面，当局也相应放松了对投资的监管。

尽管美国保险监管历史悠久，监管体系比较健全，但是随着金融形势变化，美国保险监管仍然存在一些急需解决的问题。美国保险监管体系目前面临的主要挑战有：保险业结构性调整和运行规则的根本性变化，使保险监管工作变得更加困难；竞争压力迫使保险公司承受更大的风险，导致频频破产；保险公司跨国经营，给监管也带来了新的困难。随着联邦政府的干预逐渐增多，联邦国会已使联邦政府对一些保险市场和部分保险公司经营的限制成为合法。同时联邦政府推出了一些不受州政府监管的保险项目，比如医疗保险，联邦国会制定了相关亏损标准，州政府和保险监管部门只能执行。

时至今日，有关人士纷纷提出了改革措施，同时各州都在进行前所未有的保险监管体系的结构性调整，其核心是通过使用先进技术建立更加严格的资本金标准、改进监管手段和对保险公司进行严格审批。州政府还采取措施，提高保险公司审批效率、规范费率和承保条件，扩大对投保人的保障范围。

二、日本保险监管制度的发展

日本属于集中单一的监管体制。大藏省是日本保险业的监管部门。大藏大臣是保险监管的最高管理者。大藏省下设银行局，银行局下设保险部，具体负责保险监管工作。进入20世纪90年代以后日本金融危机加剧，金融机构倒闭频繁。为了加强金融监管，1998年6月日本成立了金融监管厅（FSA），接管了大藏省对银行、证券、保险的监管工作。2000年7月金融监管厅更名为金融厅，将金融行政计划和立案权限从大藏省分离出来。

在对外市场准入和市场退出方面，日本一直采取严格限制政策。20 世纪 90 年代后，日本迫于美国的压力逐步开放保险市场。1994 年 10 月，日本允许外国保险公司通过申报制直接在日本营业。1996 年 10 月，日本新的《保险业法》废除了开业认可制，采用申报制。在市场退出方面，在 1996 年新《保险业法》实施前，大藏省采取“保驾护航”式的监管方案，对有问题的保险公司进行暗中协调，并强制要求其他保险公司接管，故未出现保险公司破产事件。新《保险业法》实施后，日本仿效美国对保险公司实行以偿付能力为中心的监管，对于有问题的保险公司进行监管时，引入早期改善措施，以便问题及时解决。

在偿付能力监管方面，日本在 20 世纪 90 年代以前，由于当局采取保驾护航式的监管，偿付能力并未引起足够重视。随后，泡沫经济的崩溃导致保险公司接连倒闭，保险公司的偿付能力逐渐引起有关当局的重视，目前已成为日本保险监管的重点。日本偿付能力监管的主要措施包括四个方面。第一，资本金要求。日本对于设立保险公司有最低资本金的要求。《保险业法》还指出要“提高保险公司资本金最低限额”。第二，日本新《保险业法》引进了“标准责任准备金制度”。“标准责任准备金制度”指保险监管机构根据保险公司的经营情况通过自己的判断而制定的新的必要责任准备金水平，并以此作为衡量保险公司经营是否稳健的依据。第三，偿付能力比率。偿付能力比率指保险公司面临的各种超出正常预测风险总和与各种可能的支付责任准备金的比率，是衡量保险公司经营稳健程度的重要指标。第四，早期改善措施。根据“偿付能力比率”，日本保险监管当局还引进了“早期改善措施”，其大致思想是：保险监管当局在了解保险公司“偿付能力比率”进而了解保险公司的经营情况之后，若根据指标分析发现被监管的保险公司出现偿付能力危机迹象时，及早采取各种措施，帮助有问题的保险公司尽早解决问题。

在信息披露监管方面，日本保险监管当局出于稳定保险市场的目的，往往不公开保险公司的内部信息，以防负面信息扩散引起市场混乱。同时，日本还在保险市场实行“比较信息管制”，限制保险公司过分宣传各种保险产品性质和差异。这不仅扼杀了保险公司创新的积极性，而且损害了消费者的知情权。由于这种信息披露制度与日本的金融自由化改革相抵触，当局对此进行了重大改革。新法规规定保险公司应将自己从事的业务内容、财务状况等编制成经济信息资料，并公之于众。

三、国内保险监管的历史沿革

从1980年恢复保险业以来，我国保险业经历了恢复发展、平稳发展和快速发展阶段。我国保险监管取得了一定的成绩，建立了多层次监管体系，但仍然存在很多问题。我国保险监管亟待解决的问题之一，是保险监管当局与保险公司之间，因信息不对称而导致监管过程的道德风险问题和逆向选择问题。

第三节 保险监管体系

保险监管体系是由监管者、监管对象、监管机制相互作用而形成的动态体系。监管主体是实施保险监督与管理的组织，包括国家保险监管机关、保险行业自律组织、社会媒体等部门。监管客体是接受监管当局监督管理的组织，包括保险机构、保险中介机构、投保人等。监管机制应包括国家、保险行业和保险公司自身三个层面的监管机制。国家层面即宏观监管机制，包括保险立法、制定指导性规章制度、出台税收金融方面的引导政策等。行业层面即中观监管机制，包括制定行业自律规章、行业信息交流机制等。保险公司层面即微观监管机制，其中包括内部管理机制、内部牵制机制、信息管理机制等。

一、保险监管模式

经济学家一般从三个角度看待政府对保险业的监管，即经济、安全和信息。与此对应形成三个保险监管重点，即市场行为监管、偿付能力监管、信息不对称问题监管。根据监管侧重点和监管严格程度不同，形成以下三种监管模式。

（1）弱势监管在这种监管模式下，保险公司在确定费率、保险条款等方面享有很大自由度。监管重点放在公司财务状况和偿付能力方面，只要能满足这一点，政府就不进行过多的干预。英国和新西兰寿险是这一监管模式的典型代表。

（2）强势监管这种监管模式对市场行为、偿付能力和信息披露的要求相当严格。美国是采取强势监管模式的典型代表。

（3）折中监管这种监管模式是以偿付能力监管为核心，兼顾市场行为监管和信息监管。目前，包括我国在内的多数国家采用这种监管模式。

二、英国保险监管模式

英国保险监管属于以偿付能力为监管重点的弱势监管模式。该模式建立了中央赔款基金制度，强制规定各保险公司必须参加中央赔偿基金。每家公司的出资额一般以当年保费收入的 1% 为限，不足赔偿的结转下一年度弥补，并且连续收取保险基金。如果哪家公司经营破产，其保单可以由其他公司接管，否则由中央赔偿基金负责赔偿。实质上，中央赔偿基金监管模式相当于各保险公司强制再保险，为保险机制增加了一道安全屏障。

英国的保险市场由劳合社、保险公司市场和保险经纪人市场组成。劳合社由按照劳合社条款规定成立的各家保险公司组成。作为行业组织，它本身并不承担保险业务，而是由其下的具有会员资格的保险公司承保。保险经纪人是基于投保人利益，为投保人和保险人提供中介服务的中介组织。保险经纪人一方面为投保人提供保险专业服务，另一方面向保险公司提供有关工程方面的技术资料，其中包括工程成本、费用、施工进度等，为工程风险评估提供服务。

英国的保险监管具有独特性，被称为“英国的偿付能力额度监管”。英国金融监管服务局负责统一的全国金融监管工作，不是监管各保险公司每项具体的保险业务，也不是统一规定保险条款和费率，而是通过偿付能力额度监管以保证保险公司的偿付能力和保护被保险人的利益。

对于偿付能力监管，监管当局主要在如下方面规定：首先要求保险公司资本结构多元化，资产保持较高的安全性和流动性；其次定期对保险公司财务状况进行监察，要求保险公司按规定披露公司财务和经营信息；最后是重点监察，即监管当局对处于困境的公司进行重点监察。

三、美国保险监管模式

美国保险监管模式属于“北美”风险资本（BRC）型的偿付能力额度监管。美国保险业实行联邦政府和州政府两级监管制度。美国联邦政府正在逐渐加强保险业监管，试图建立以全美保险监督官协会和州保险监督机构为主的保险监管体系。联邦政府和州政府拥有各自独立的立法权和监管权。其监管重点是保险公司偿付能力和保护投保人利益得到保障。

第四节 保险监管内容

保险合同被称为“量身制衣保险合同”，这说明保险运作的灵活性较大，市场不规范运作的客观存在。这就要求政府加强保险监管的力度，监管重点应放在保险业务、保险机构、偿付能力和市场行为等方面。保险监管内容涵盖监管对象和监管机制两个方面。本节将重点介绍组织监管、偿付能力监管两方面。

一、保险组织监管

保险组织监管的内容主要包括保险机构组织形式监管和保险机构的保险市场准入和退出监管。

（一）保险公司市场准入和退出监管

对于市场准入和市场退出条件，各国的规定不尽相同。在市场准入方面，一般情况下，只有符合法律条件、财务条件、技术条件等，监管部门发放了许可证，保险公司才可开展保险业务。各国对境外保险机构跨境经营的国民待遇方面有所不同。但欧盟不同，其允许非寿险公司自由设立，且可以自由设立分支机构。在市场退出方面，一般根据保险公司存在问题的严重程度，采取相应措施。各国的市场退出监管措施有所不同。美国的州保险署认为当保险公司存在严重的财务问题时，需要干预其经营以维护保险偿付能力。根据问题严重程度，监管部门将对保险公司进行整顿或采取积极的监管措施。若经整顿后仍然无效，则将其兼并或拍卖。

（二）保险公司的组织形式

保险公司组织形式一般包括公营组织形式、民营保险公司、合作保险组织，此外还有个人保险和自保公司等。个人保险是以个人名义承保保险业务，海上保险就是以个人承担保险的典型。个人保险能力极其有限，与被保业务逐渐扩大的趋势不相适应。除了英国的劳合社仍然接受个人保险外，其他国家的个人保险已逐渐被淘汰。自保公司是若干非保险企业投资设立的附属保险机构，自保公司内部各公司之间相互承担保险责任。美国的一些大公司会采取自保公司这种保险公司组织形式。股份制保险公司是目前比较普遍的保险公司组织形式。我国的保险公司组织形式大致分为三类：第一类是国有独资保险公司，如中国人民保险公司和2003年8月改组之前的中国人寿保险公司，现在中国人寿保险公司已拆分成中国人寿保险公司和中国人寿保险股份有限公司；第二类是股份制保险公司，如中国太平洋保险公司；第三类是外资保险公司，如英国保诚保险公司、美国友邦保险公司。

二、保险偿付能力监管

保险偿付能力是指保险企业对被保险人履行赔偿和给付义务的能力。其含义是保险企业在任何时候都有能力履行赔偿和给付义务。实质上，保险监管的核心就是保险偿付能力。

（一）保险偿付能力监管的相关问题

多数情况下，只要保险公司的保险精算合理，保险基金运作规范，保险公司就有合理的偿付能力。但是在实际保险运作中，保险费率是在一定假设条件下估计标的风险分布情况。根据数理统计原理，需要先估算风险损失发生概率和损失额，进而去厘定保险费率。因此，保险费和实际损失赔偿额之间会出现偏差。保险偿付能力监管主要考虑在偏差较大的情况下保险公司履行赔付责任的能力问题。

实施保险偿付能力监管具有重要意义。从保险企业角度来看，偿付能力监管有利于保障保险企业的稳定经营。保险的基本原理即是通过风险损失的汇聚安排理论分散被保险人的风险。因此，通过国家对保险业监管和保险企业自身监管，能够实现保险基金的规范运作，维护保险企业的财务稳定。从被保险人角度看，偿付能力监管有利于保护被保险人的利益。如果偿付能力监管力度不够，保险公司不能按照保险合同约定责任赔付被保险人，将直接损害被保险人的利益。削弱保险作为社会稳定器具有缓冲风险损失冲击的作用。

保险偿付能力监管包含两个层次，一方面是国家对保险企业偿付能力监管，另一方面是保险企业自身偿付能力监管。一般情况下，偿付能力监管主要是宏观层面的监管，即保险监督管理部门对保险企业的偿付能力监管，偿付能力监管的内容通常包括偿付准备金监管和承保金额控制。

偿付准备金是保险企业赔付资金的基础，主要是应对超常损失和巨灾损失。偿付准备金的资金来源包括开业准备金和总准备金。开业准备金是监管部门强制规定的，主要用于开办某项保险业务之初的经营开支和保险收入不足时赔款和给付之用。总准备金是在保险经营过程中逐渐积累起来的。总准备金的一部分来源于附加保费中的安全附加保费和企业每年利润分配中的部分盈余积累，另一部分则来源于每年盈余的未分配部分。保险准备金是指保险人为承担未到期责任和处理未决赔款而从保费收入中提取的资金准备。保险准备金不是资产而是保险企业的或有负债。保险企业应有与保险准备金等值的资产作为后盾。各国保险法对保险准备金的提取方法和标准都有明确规定。日本的保险业法规定：保险公司于每年决算期按照保险契约种类计算责任准备金，并设专门账簿记载。我国保险法规定，除人寿保险业务外，经营其他保险业务应当从当年自留保险费中提取未到期的责任准备金，提取和结转的数额应相当于当年自留保险费的百分之五十。

承保金额是指保险企业与被保险人直接签订的保险合同中载明的由保险企业承诺的保险责任大小和范围。承保金额的控制包括每笔合同承保金额控制和全部保险业务承保金额总量控制两部分。

（二）保险偿付能力监管措施

一般情况下，保险偿付能力监管主要有五种途径：规定开业资本金和总准备金；规定法定最低承付能力额度；控制保险企业资金运用；规定保险准备金的提取；制定信息披露制度和定期检查制度。

美国采取的保险偿付能力监管措施分为两个方面：一方面是监管预警；另一方面是风险资本控制。监管预警系统的功能是尽早发现保险公司的财务隐患，帮助监管者在一个无偿付能力的保险公司的资产和债务之间的差额不断扩大之前进行干涉。监管预警系统由保险监管信息系统（IRIS）和财务分析跟踪系统（FAST）组成。保险监管信息系统是全国保险监督管理委员会和各州监管部门自20世纪70年代以来开始使用的基本的偿付能力审查系统之一。IRIS中包括了11项财务比率，由专门的检查人员进行分析和审查。该系统根据以往破产保险公司的历史数据规定了11项财务比率指标的"正常范围",并给出评判准则。财务分析跟踪系统使用了一套扩大的财务比率指标。与IRIS不同，FAST为比率值的不同范围设定了不同的点值，将点值相加得到各保险公司的FAST得分。这些点值和FAST得分不对公众公开。NAIC(美国全美监督官协会)利用FAST得分将保险公司分别列为需要立即关注、优先关注、例行监测三类。美国各州皆对保险公司的风险性资产投资进行限制，建立了复杂的投资监管措施。主要风险性资产投资控制措施是建立固定最低资本要求和风险资本要求。固定最低资本要求指保险公司建立和持续经营必须达到的最低资本。风险资本要求指当保险公司的资产、债务和保费发生变化时，高风险投资行为必须有更多的资本作为支撑。

美国对保险价格有两种监管形式：一种是许多州对保费率的变动程度进行监管；另一种是对于能够用于风险分类的信息类型进行严格控制。美国各州对费率变化的监管也有两种形式：一是事先批准型费率监管模式，该监管模式是费率变化得到监管部门的批准后，才能实行；二是竞争性费率监管模式，该监管模式要求保险人将费率变化在州保险署登记备案，无须得到监管部门的批准即可实施。

第五节　工程保险监管

工程保险是一项正在蓬勃发展的综合险别，也是经营风险集中且敏感的险别。该险别承保的工程风险具有发生频率高、风险承担者的综合性以及风险损失多样性等特征。从工程保险角度看，工程保险领域存在严重的信息不对称性，并且工程保险业具有承保金额很大、承保业务复杂、专业性强等特点。因此将工程保险作为保险监管的一个分支、加强工程保险监管势在必行。

一、工程保险监管概述

（一）工程保险监管的含义

工程保险监管的含义应从广义和狭义两个层次把握。广义的工程保险监管是指在一个国家或地区为达到一定目标，从国家、社会、工程保险行业、保险公司自身等各个层面上，对保险组织、工程保险经营活动及工程保险市场进行监督与管理。狭义的工程保险监管仅指国家对保险组织、工程保险经营活动及工程保险市场进行监督与管理。无论是广义还是狭义的工程保险监管，监管对象或者说监管范围都是一致的，包括组织、业务和市场三个方面。所不同的是，广义的工程保险监管可以从国家、社会、保险行业、保险公司等多个层面进行监管。

（二）工程保险监管的意义

工程保险监管对工程保险行业的发展具有深远影响。随着我国固定资产投资规模不断扩大、基础设施建设和民用建筑不断增加，工程保险需求也将不断增加。强大的需求将拉动工程保险市场发展。随着市场的发展，信息不对称问题也逐渐显现。其原因一方面是工程建筑安装自身的特点，建筑安装技术越来越复杂；另一方面是由于保险人披露信息不全面。总之，保险市场信息不对称将导致市场失灵。

加强工程保险监管，将促进工程保险业的规范运作和繁荣。并且工程保险作为财险的一个重要险种，扩大业务范围有助于财险业务乃至保险业的繁荣发展。工程保险监管的意义主要有三个方面：第一，有利于工程保险机构的规范经营；第二，有利于工程保险市场的有序竞争；第三，有利于工程保险业务的蓬勃发展。

（三）工程保险监管目标

工程保险监管目标由建筑工程保险的特殊性所决定，最终目标是应保证保险功能的顺利实现。工程保险监管目标具有时间性和地域性的特点。不同历史阶段，不同国家和地区的工程保险监管目标是不同的。但从职能出发，工程保险监管却具有共同的监管目标。

（1）保证保险人的偿付能力，保证保险人的偿付能力是工程保险监管的核心目标。

监管部门可以采取如法定再保险、公司资本金、保证金、各种准备金、承保限额等多种监管手段以及信息披露制度和稽核制度等，保证保险人的合理的理赔偿付能力。

（2）优化工程保险市场机制，维护市场竞争秩序监管部门通过统一建筑工程保险合同条款、费率和保费计算方法等关键要素，防止保险公司之间为了中标而竞相压价，搞恶性价格竞争，危及保险体系安全。通过制度化、规范化、统一化实现工程保险市场的有序竞争。

（3）规范工程保险运作，保护保险当事人的公平利益关系。工程保险市场存在严重的信息不对称性。在这种市场形态下，规范工程保险运作是维护保险各方利益的关键问题。工程保险监管既要维护投保人利益，又要使保险人获得合理的保费收入，保障足够的偿付能力。因此工程保险各险种必须以均衡价格销售，否则会出现需求剩余或供给剩余的现象。

二、工程保险业务监管

（一）工程保险业务监管的重点

工程保险业务监管的重点在于保险业务范围监管和保险费率等合同主条款监管。保险业务范围监管要求保险机构必须在监管当局授权的范围内开展保险业务。目前，多数国家实行保险业务分类经营制度。比如，美国将保险业务分为三大类，即财产保险、人身保险和损害保险。其国内的保险公司只能经营其中的一类业务而不能兼营。

我国《保险法》第九十二条规定，“保险公司的业务范围：财产保险业务包括财产损失保险、责任保险、信用保险等保险业务；人身保险业务包括人寿保险、健康保险、意外伤害保险等保险业务。同一保险人不得兼营财产保险业务与人身保险业务，但是经营财产保险业务的保险公司经保险监督管理机构核定，可以经营短期健康保险业务和意外伤害保险业务”。随着工程保险业的发展，建筑工程保险的承保范围也越来越广，已经不再局限于建筑工程、施工机械设备等财产险，还涉及到意外伤害险等人身险种、雇主责任险等责任险种，因而经营工程保险业务的保险公司经保监会批准还可以经营一些与建筑安装工程有关的人身险和责任险险种。

（二）建筑工程保险合同监管

保险合同监管主要内容包括保险合同成立、变更、中止和终止等保险合同管理程序监管和保险合同文本监管。我国除航空人身意外伤害保险等险种的主要单证由保监会统一规定外，其余险种的保险合同均由保险公司自己制定，工程保险各险种的保险合同也是如此。因此，建筑工程保险合同有各种各样的风格。我国《保险法》规定只要投保人提出要求，保险人同意承保，并就合同条款达成协议，保险合同就宣告成立。在履行保险合同中，由于客观条件变化，合同当事人双方在达成一致的情况下，可以变更保险合同的内容，但是必须依法变更保险合同。对于保险合同的中止和终止的监管，我国新保险法作了明文规定，应依法实施。保险合同文本监管的重点是保险费率、保险金额等主条款以及保险合同的公平性。建筑工程一切险和安装工程一切险的保险费率除特殊情况外都应在指导性费率区间内取值。建筑工程保险合同应规定保险标的价值的计算基础，保险金额不能超过被保标的的实际价值，超过部分则无效。保险合同的订立过程一般是保险人将事先已拟定好的合同交给投保人，投保人如不接受其中的某些条款，则保险双方协商修改。这种合同签订方式可能对投保人不利，因为保险双方存在着某种程度的信息不对称性。为了防止保险合同显失公平，应对金额较大的保险合同实施监管，保证合同的公平性，从而维护投保人的利益。

三、工程保险再保险监管

我国从 2003 年 1 月 1 日起施行的新保险法取消了原来“每笔非寿险业务必须按 20% 的比例分保”的规定，只是原则规定保险公司应当按照监管机构的有关规定办理再保险业务。硬性规定取消了，则保险人经营灵活性增强了，但保险人出现道德风险的可能性也增加了，这就要求监管部门增加监管手段，提高监管能力。对于再保险监管，一般国家采取对有问题的公司限制其再保险的办法。监管部门通过监管发现保险公司存在违规经营或财务问题，则将其列入黑名单。根据问题严重程度，限制或禁止其将保险业务分保。

四、我国工程保险监管制度的构建

从我国工程保险发展形势看，工程保险监管制度的构建应分成两个阶段。一个阶段是过渡阶段，采取折中的保险监管模式。保险监管重点定位在偿付能力监管和市场行为监管并举上，并且辅以一定的行政监管。另一阶段是时机成熟阶段，将保险监管重点完全转到偿付能力上，并且更加扩大了工程保险监管对象的范围。我国保险监督管理委员会应与国际保险监管组织和别国保险监管机构合作，建立国际工程保险监管支持体系，以便通过该体系监管外资保险公司、国际市场的本国保险公司以及接受本国分保业务的外国再保险公司。

建立我国工程保险信息监管制度应从两个方面着手：一方面，加强对保险人和投保人的信息披露监管；另一方面，建立公共信息平台。保险业的信息决策主体包括监管机构、保户和投资者。加强对保险人的信息披露监管，有利于保护投保人的利益及规范和稳定全社会保险秩序。《保险公司财务制度》和《保险公司会计制度》对保险人的信息披露作了规范性要求，但在有些方面仍需要进一步补充：应该细化分部信息在报表附注中的披露，按照险种分别对其业务收入和费用进行披露；偿付能力披露应朝着易于被大众理解的方向改进；应区别保险业务的性质，设立独立账户，分别披露保险信息。

在强化对保险人监管的同时，也应适当加强对投保人披露信息的监管。由于工程建设安装施工复杂、周期长、专业性强等原因，通常投保人比保险人更清楚预投保工程的风险状况，投保人可能会有隐瞒信息的倾向。为维护保险人利益，应从法规和保险合同两个方面规定投保人披露信息的责任。我国《保险法》规定了投保人进行保险欺诈应承担的法律责任，以法律手段强制投保人履行信息披露义务。保险实务中采取填写投保单的形式披露投保人信息。但这距离合理的信息披露还有一定差距。除了《保险法》之外，还应在其配套的解释条例中，进一步去细化和补充投保人投保前的信息披露要求，规定投保人应提供的必要的工程资料种类和内容以及隐瞒重要事实的责任。对于具体的承保项目，可在保险合同中规定投保人应披露信息的具体内容。除了规定投保人必须披露信息之外，保险人应主动获取信息。保险人应遵循合理的方法和程序来有效识别和评估承保工程风险。

保险市场的很多问题，比如委托代理问题、逆向选择和道德风险问题等问题的出现，皆源于保险市场的信息不对称，也就是交易双方各自占有对方所不知道的信息。建立公共的工程保险相关信息平台，能够使得双方信息畅通，保险人可以方便地获得工程技术和工程风险方面的信息，而投保人和被保险人则可获得保险方面的信息，这样可以在一定程度上消除保险双方的信息屏蔽。就我国目前的条件而言，可以考虑由中国人民银行、中国证监会和中国保监会的联席会议制度共同筹建保险信息交流平台。该信息平台应具备保险信息查询与信息发布、保险咨询和保险信息交流等功能。信息平台应由两部分构成：一方面是保险方面的信息，其中囊括公司财务状况、保险产品信息、保险金额、保费、理赔额、损失概率等数据信息，为保险费率厘定、保险偿付能力监管和市场行为监管等提供数据基础；另一方面是工程方面的信息，包括各类工程的施工技术、施工现场管理信息、主要的工程风险源和典型的工程风险事故等信息。

第十章　建筑工程项目风险监控实践

第一节　引导案例——ERP 项目实施中的风险应对措施及风险监控

ERP 的项目管理是本着整体规划、分步实施的原则，对 ERP 项目所有方面进行计划组织、管理和监控，是为了达到项目实施后的预期成果和目标而采取的内部和外部持续性的工作程序。这是对时间、成本以及产品、服务细节的需求相互间可能发生的矛盾进行平衡调节的基础原则。建立一整套行之有效的项目风险管理机制，对提高 ERP 系统的实施成功率至关重要。

ERP 项目的风险因素很多，比如业务流程设计失败、企业全范围的数据集成失败、培训不足、项目实施阻力大，缺乏高层管理人员的支持等，这些现象的出现从根本上说，是由于项目管理过程无法可依，遇到困难时就相互推诿而导致的。相反地，在项目管理控制程序下实施则能有效地控制住项目风险。

一、ERP 项目存在的主要风险

（一）项目范围的风险

项目采购管理通常有三种合同方式，即固定价或总价合同、成本报销（加奖励）合同、单价合同。通常不确定性越大、风险越大的项目，越趋向于采用靠后的合同方式，这也是国外及国内部分 ERP 供应商在实施服务中采用按人、天提供服务并收取费用的原因。但是采用这种方式，客户存在较大的风险，因此，国内很多客户倾向于以固定价格订立实施服务合同。而这种合同方式，则对供应商存在较大风险。在此前提下，若项目范围定义不清晰，可能会导致买卖双方对项目范围的认知产生分歧。卖方希望尽量缩小实施范围，以最小的成本结束项目；而买方希望将ERP系统的所有功能尽可能多地实施，以固定价格获得最大的效益。若双方的分歧较大，不能达成一致，则必然会造成效率低下，局面僵持的结果。

因此，ERP项目合同中，应对项目的实施范围作尽可能清晰的界定，切不可停留在“实施财务模块”或是“实施应收、应付、总账管理”之类的层面上。宁可多花一些时间在项目实施前的范围界定工作上，也不要出现在项目实施过程中，面对ERP繁多的功能，实施方与用户争执不下，或被迫止步，无法投入更大的精力于项目中，而导致项目不能按时完成的现象。

（二）项目进度的风险

关于ERP项目实施的周期，目前在宣传上有强调“快速”的倾向。但ERP项目进度的控制绝非易事，其不仅取决于公司的能力，同时也在很大程度上受到客户对ERP期望值是否合理、对范围控制是否有效、对项目投入是否足够等方面的影响。

而实际操作中，并非所有用户对ERP实施都有这种理解与认同，因此，一味在项目进度计划时求快，甚至是刻意追求某个具有特殊意义的日期作为项目的里程碑，将对项目的控制造成很大压力。

事实上，很多项目的失败，正是由于项目进度出现拖延，项目团队士气低落，效率低下所导致的。因此，ERP项目实施的时间管理，需要充分考虑各种潜在因素，适当留有余地；任务分解详细适中，便于考核；在执行过程中，应强调项目按进度执行的重要性，在考虑任何问题时，都要将保持进度作为先决条件；同时，合理利用赶工及快速跟进等方法，充分利用资源。

（三）项目人力资源的风险

人力资源是ERP项目实施过程中最为关键的资源，能够有合适的人，以足够的精力参与到项目中来，是项目成功实施的基本保证。

ERP项目实施中存在各种角色，各种角色应具备相应的素质。要降低项目的人力资源风险，就要保证进入到项目中并承担角色的各类项目关系人满足项目要求。因此，实施双方应对参与人员进行认真的评估，这种评估应该是双方面的，不仅是用户对咨询顾问的评估，也应包括咨询公司对项目的用户方成员（在国内目前的环境下，主要是指关键用户）的评估。同时，应保证项目人员对项目的投入程度，应将参与ERP项目人员的业绩评估与ERP项目实施的状况相关联，明确ERP项目是在该阶段项目相关人员最重要的本职工作，制定适当的奖惩措施；在企业中建立“一把手工程”的思想，层层“一把手”，即各级负责人针对ERP实施向下行使全权、对上担负全责，将“一把手”从个体概念延伸到有机结合的群体概念。

（四）对ERP认识不正确的风险

有的企业把ERP视为企业管理的灵丹妙药，认为既然ERP功能强大，只要用了ERP系统，企业的所有问题便可迎刃而解；或者以为企业的所有流程都可以纳入到ERP中来；还有的人就简单地将ERP视为当前业务流程的电子化。

企业要防范或减轻这种风险，需要对用户进行大量的培训，如ERP的由来、ERP的功能、实施ERP的目的与期望等，尽可能在用户产生“ERP不能满足我的需求和期望”这种想法之前，让用户知道“现阶段对ERP合理的需求和期望是什么”。

二、ERP项目实施中的风险监控

采取以下措施对ERP项目实施中的风险进行监控，以防止危及项目成败的风险发生。

（1）建立并及时更新项目风险列表及项目排序。项目管理人员应随时关注与关键风险相关的因素的变化情况，及时决定何时采用何种风险应对措施。

（2）风险应对审计：随时关注风险应对措施（规避、减轻、转移）实施的效果，对残余风险进行评估。

（3）建立报告机制，及时将项目中存在的问题反映到项目经理或项目管理层处。

（4）定期召集项目干系人召开项目会议，对风险状况进行评估，并通过各方面对项目实施情况的反馈来发现新风险。

（5）更新相关数据库，如风险识别检查表，以利于今后类似项目的实施。

（6）引入第三方咨询，定期对项目进行质量检查，以防范更大的风险。

在ERP实施过程中出现的问题是多样的，我们风险管理体系目前远远没有成熟，还需要大家不断地努力，挖掘新的解决方案，完善项目管理中的风险管理体系。

第二节　建筑工程项目风险监控概述

制订了项目风险规划之后，项目风险并非不存在，在项目推进过程中还可能会增大或者降低。因此，在项目执行过程中，需要时刻监控风险的发展与变化情况，并确定随着某些风险的消失而带来的新的风险。

一、建筑工程项目风险监控的含义

美国Standish Group对信息技术项目的研究（超过8400个项目，1994年）表明，只有16%的项目实现其目标，50%的项目需要补救，34%的项目彻底失败。J.D.Frame博士于1997年在438位项目工作人员中进行了调查，结果表明，项目失败的比率也非常高。根据他的分析，大多数项目的问题来源于以下四个方面：组织方面出现问题（如因外来资源而产生的问题）、对需求缺乏控制、缺乏计划和控制、项目执行方面与项目估算方面的问题。

风险监控是通过对项目风险规划、识别、估计、评价、应对全过程的监视和控制，从而保证项目风险管理能达到预期的目标，它是项目实施过程中的一项重要工作。监控风险实际上是监视项目的进展和项目环境，即项目情况的变化，其目的是：核对风险管理策略和措施的实际效果是否与预见的相同；寻找机会改善和细化风险规避计划，获取反馈信息，以使将来的决策更符合实际；在风险监控过程中，及时发现那些新出现的以及预先制订的策略或措施不见效或性质随着时间的推移而发生变化的风险，然后及时反馈，并根据对项目的影响程度，重新进行风险规划、识别、估计、评价和应对；同时还应对每个风险事件制定好成败标准和判断依据。

（一）风险监视

风险监视是及时了解和掌握项目风险变化的重要手段，因此，在项目风险管理中，风险监视需不间断进行。如果发现已有决策是错误的，就一定要尽早找出具体原因，及时采取纠正行动。如果决策正确，但是实施结果却并不好，这时不要过早地改变正确的决策，频繁地改变主意，这样不仅会减少应急用的后备资源，而且还会大大增加项目阶段风险事件发生的可能性，加重不利后果程度。监视风险之所以非常必要，是因为时间的影响是很难预计的。一般来说，风险的不确定性会随着时间的推移而减小，因为风险存在的基本原因，是由于缺少信息资料，随着项目的进展和时间的推移，有关项目风险本身的信息和资料会越来越多，对风险的把握和认识也会变得越来越清楚。

（二）风险控制

风险控制是为了最大限度地降低项目风险事故发生的概率和减小损失幅度而采取的风险处置技术，从而改变项目管理组织所承受的风险程度。为了控制工程项目的风险，美国学者认为可采取以下措施：根据风险因素的特性，采取一定措施使其发生的概率接近于零，从而预防风险因素的产生；减少已存在的风险因素；防止已存在的风险因素释放能量；改善风险因素的空间分布，从而限制其释放能量的速度；在时间和空间上把风险因素与可能遭受损害的人、财、物隔离开来；借助人为设置的物质障碍将风险因素与人、财、物隔离；改变风险因素的基本性质；加强风险部门的防护能力；做好救护受损人、物的准备。这些措施有的可用先进的材料和技术达到，此外，还应有针对性地对实施项目的人员进行风险教育，以增强其风险意识，同时要制定严格的操作规程以防止因疏忽而造成不必要的损失。风险控制是任何项目实施都应采用的一种风险处置方法。

二、建筑工程项目风险监控的任务

建筑工程项目风险监控的主要任务是采取应对风险的纠正措施以及全面风险管理计划的更新。其中包括两个层面的工作任务。

（1）跟踪已识别风险的发展变化情况，包括在整个项目生命周期内，风险产生的条件和导致的后果变化，衡量风险减缓计划需求。

（2）根据风险的变化情况及时调整全面风险管理计划，并对已发生的风险及其产生的遗留风险和新增风险及时识别、分析，并采取适当的应对措施。对于已发生过和已解决的风险也应及时从风险监控列表中调整出去。

三、建筑工程项目风险监控的依据

风险监控依据包括风险管理计划、实际发生了的风险事件和随时进行的风险识别结果，主要内容包括以下几个方面。

（1）风险管理计划。

（2）风险应对计划。

（3）项目沟通。工作成果和多种项目报告可以表述项目进展和项目风险。一般用于监督和控制项目风险的文档有：事件记录、行动规程、风险预报等。

（4）附加的风险识别和分析。随着项目的进展，在对项目进行评估和报告时，可能会发现以前未曾识别出来的潜在风险事件。应对这些风险继续执行风险识别、估计、量化和制订应对计划。

（5）项目评审。风险评审者需要检测和记录风险应对计划的有效性，以及风险主体的有效性，以防止、转移或缓和风险的发生。

第三节　建筑工程项目风险监控的过程

作为项目风险管理的一个有机组成部分，建筑工程项目风险监控也是一种系统过程活动。我们可以从内部和外部两种视角来看待风险监控过程：外部视角详细说明过程控制、输入、输出和机制；内部视角详细说明用机制将输入转变为输出的过程活动。

一、风险监控过程目标

当风险监控过程满足下列目标时，就说明它是充分的。

（1）监控风险设想的事件和情况；

（2）跟踪控制风险指标；

（3）使用有效的风险技术和工具；

（4）定期报告风险状态；

（5）保持风险的可视化。

二、风险监控过程定义

根据 PMBOK 风险处理框架，风险监控过程定义参见图 10-1 的 IDEFO 图。风险监控过程封装了将输入转变为输出的过程活动。控制（位于顶部）调节过程，输入（位于左侧）进入过程，输出（位于右侧）退出过程，机制（位于底 部）支持过程。

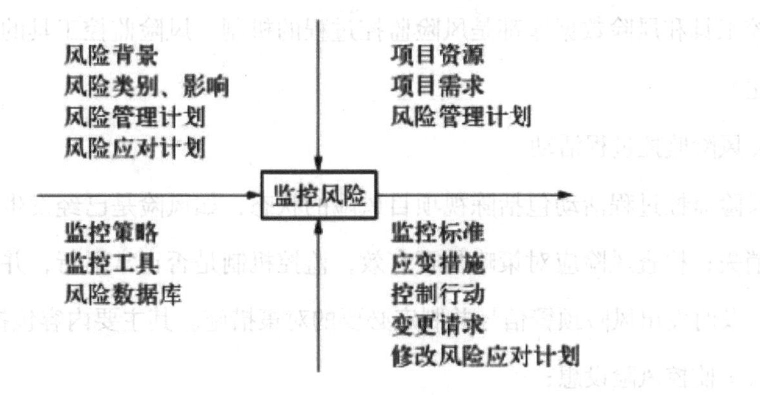

图 10–1　风险监控过程

1. 过程控制

和控制风险规划过程一样，项目资源、项目需求和风险管理计划同样约束着风险监控过程。

2. 过程输入

风险背景，风险识别、估计、评价的结果，风险管理计划，风险应对计划等是风险监控过程的主要输入。

3. 过程输出

风险监控标准、应变措施、控制行动、变更请求等是风险监控过程的输出，主要内容包括下文所述。

（1）风险监控标准。主要指项目风险的类别、发生的可能性和后果。

（2）随机应变措施。随机应变措施就是消除风险事件时所采取的未能事先计划的应对措施。这些措施应有效地记录下来，并融入到项目的风险应对计划中。

（3）控制行动。控制行动就是实施已计划了的风险应对措施（包括实施应急计划和附加应对计划）。

（4）变更请求。实施应急计划经常会导致对风险作出反应的项目计划变更请求。

（5）修改风险应对计划。当预期的风险发生或未发生时，或当风险控制的实施消减或未消减风险的影响概率时，必须重新对风险进行评估，对风险事件的概率和价值以及风险管理计划的其他方面作出相关修改，以保证重要风险得到恰当控制。

4. 过程机制

机制可以是方法、技巧、工具或为过程活动提供的其他手段。风险监控方法、风险监控工具和风险数据库都是风险监控过程的机制。风险监控工具的使用使监控过程自动化。

5. 风险监控过程活动

风险监控过程活动包括陈视项目风险的状态，如风险是已经发生、仍然存在还是已经消失；检查风险应对策略是否有效，监控机制是否正常运行，并不断识别出新的风险，及时发出风险预警信号并制定必要的对策措施。其主要内容包括：

（1）监控风险设想；

（2）跟踪风险管理计划的实施；

（3）跟踪风险应对计划的实施；

（4）制定风险监控标准；

（5）采用有效的风险监视和控制方法、工具；

（6）报告风险状态；

（7）发出风险预警信号；

（8）提出风险处置新建议。

第四节　建筑工程项目风险监控的时机

风险监控既取决于对项目风险客观规律的认识程度，同时也是一种综合权衡和监控策略的优选过程，既要避险，又要经济可行。解决这个问题有两种办法：第一种，把接受风险之后得到的直接收益同可能遭受的直接损失相比较。如果收益大于损失，项目继续进行；否则就没有必要把项目继续进行下去。第二种，是比较间接收益和间接损失，比较时应该把那些不能量化的方面也考虑在内，例如环境影响。在权衡风险后果时，必须要考虑到纯粹经济以外的因素，包括为了取得一定的收益而实施规避风险策略时可能遇到的困难和费用。图 10-2 表示的是规避风险策略的效果与为此而付出的相应费用之间的关系。

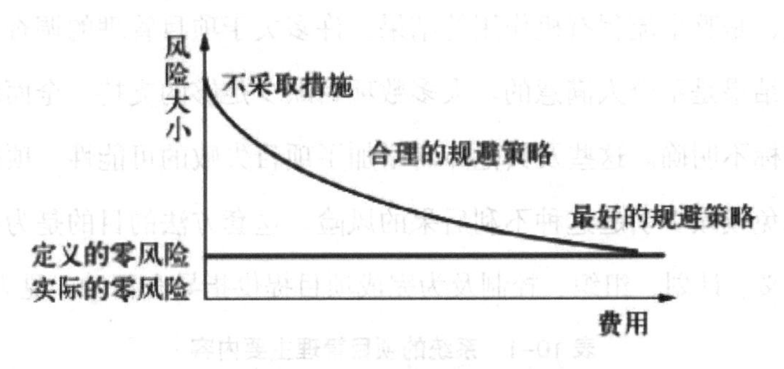

图 10–2　风险监控时机选择

图 10-2 中最左边的点表示未采取任何风险规避策略，即没有投入任何资金，项目是成功还是失败，完全顺其自然。沿着横坐标向右，随着资金投入的增加，风险规避策略的效果也逐渐增强，在最右边风险被削弱到最低限度。但是，这个最低限度不是零风险，而是一种人们不视其为风险的水平。这个最低限度是根据主观判断确定的，是项目各有关方一致认为不是风险的水平。

第五节　建筑工程项目风险监控的方法

风险监控还没有一套公认的、单独的技术可供使用，其基本目的是以某种方式驾驭风险，保证项目可靠、高效地完成项目目标。由于项目风险具有复杂性、变动性、突发性、超前性等特点，所以风险监控应该围绕项目风险的基本问题，制定科学的风险监控标准，采用系统的管理方法，建立有效的风险预警系统，做好应急计划，实施高效的建筑工程项目风险监控。

风险监控方法可分为两大类：一类用于监控与项目、产品有关的风险；另一类用于监控与过程有关的风险。风险监控方法有很多，前几章介绍的一些方法、技术也可用于风险监控，下面再介绍一些有关风险监控的方法。

一、系统的项目监控方法

风险监控，从过程的角度来看，处于项目风险管理流程的末端，但这并不意味着项目风险控制的领域仅此而已，风险控制还应该面向项目风险管理的全过程，项目预定目标的实现，是整个流程有机作用的结果。许多关于项目管理的调查显示，项目管理过程的完成结果是不令人满意的。大多数项目缺少足够的支持、全面的计划、详细的跟踪以及目标不明确。这些及其他障碍增加了项目失败的可能性。项目管理的系统方法有助于避免或减少引起这种不利后果的风险。这套方法的目的是为有效率、有效果地领导、定义、计划、组织、控制及为完成项目提供指导和帮助，见表 10-1。

表 10–1　系统的项目管理主要内容

领导	·交流 ·保持方向 ·主动性 支持 ·成立小组 ·观点	组织	·备忘录 新闻 ·程序 ·组织 ·项目手册 ·项目办公室 ·报告 ·小组组织 ·工作量
定义	·项目声明 ·工作条文		
计划	·成本计算 ·预测 ·资源分配 ·风险控制 ·计划 ·工作分类结构	控制	·变化的控制 ·应急计划 ·正确的行动 ·会议 ·计划更新 ·情况的收集与评价
组织	·自动工具 ·形式 ·历史资料 ·图书馆	结束	·学过的课程 ·检查完成的部分 ·统计汇编 ·活动完成

风险监控应是一个连续的过程，它的任务是根据整个项目风险管理过程规定的衡量标准，全面跟踪并评价风险处理活动的执行情况。有效的风险监控工作可以指出风险处理活动有无不正常之处，哪些风险正在成为实际问题，如果掌握了这些情况，项目管理组就有充裕的时间采取纠正措施。建立一套管理指标系统，使之能以明确易懂的形式提供准确、及时且关系密切的项目风险信息，是进行风险监控的关键所在。这种系统的项目管理方法有诸多的好处。

（1）为项目管理提供了标准的方法。标准化管理为项目管理人员间的交流提供了一个共同的基础，减少了识别风险及处置风险错误的可能性。

（2）伴随标准化而来的是交流沟通的改进，保障了信息资源共享。

（3）由于项目风险的变动性和复杂性，这种系统的项目管理方法为项目经理对不断变化的情况作出敏捷的反应提供了必要的指导和支持。

（4）这套方法为项目风险管理提供了较好的预期，使得每一个项目管理人员都能对风险后果作出合理的预期，同时通过使用标准化的项目风险管理程序也使管理风险具有连续性。

（5）这套方法提高了生产率。标准化、敏捷的反应、完善的交流、合理的预期，这些都降低了项目的复杂性、混乱性和冲突性，同时也减少了外部或自身风险发生的机会。

二、风险预警系统

由于项目的创新性、一次性、独特性及其复杂性，决定了项目风险的不可避免性；风险发生后所造成损失的难以弥补性和工作的被动性决定了风险管理的重要性。传统的风险管理是一种“回溯性”管理，属于亡羊补牢，对于一些重大项目，往往于事无补。风险监控的意义就在于实现项目风险的有效管理，消除或控制项目风险的发生或避免造成不利后果。因此，建立有效的风险预警系统，对于风险的有效监控具有重要的作用和意义。

风险预警管理是指对于项目管理过程中有可能出现的风险，采取超前或预先防范的管理方式，一旦在监控过程中发现有发生风险的征兆，应及时采取校正行动并发出预警信号，最大限度地控制不利后果的发生。因此，项目风险管理的良好开端是建立一个有效的监控或预警系统，及时察觉计划的偏离，从而高效地实施项目风险管理过程。当计划与现实之间产生偏差时，存在这样的可能，即项目正面临着不可控制的风险，这种偏差可能是积极的，也可能是消极的。例如，计划之中的项目进度拖延与实际完成日期的区别显示了计划的提前或延误。前者通常是积极的，后者是消极的，但这两种情况都是不必要的。这样，计划期之间的区别就是系统会预测到的一个偏差。

另一个关于计划的预警系统是浮动或静止不动。浮动是影响重要途径的前一项活动在计划表中可以延误的时期。重要途径就是在网络图中最长的部分很少发生浮动。项目中浮动越少，风险产生影响的可能性就越大。浮动越低，工作越重要。预算与实际支出之间的差别一定要进行控制，两者之间的偏离表明完成工作与预算之间花费得太少或者太多，前者通常是积极的，而后者是消极的。

美国国防部从20世纪70年代起，逐步建立起相对完善的风险管理流程，多年的实践使其深刻地体会到：工程项目管理就是风险管理，只有使风险管理成为与武器装备的整个寿命周期相伴随的一个系统化过程，才能消除或最大限度地控制风险。在长期的项目风险管理实践中，美国国防部认识到风险预警在项目管理中的重要性：一是如何通过制定采办政策和采办策略，来促进承制方尽早确定风险管理策略，并在整个寿命周期中始终注意风险问题，积极开展风险管理。例如，为了降低风险，缩短研制周期，减少费用，在“项目定义与项目论证阶段”（相对于我国的方案阶段），美国重大武器装备研制一般都选定两个厂家研制试验样机，以期通过竞争来降低风险。二是为了加强使用方对项目风险的监控力度，即在批准进入下一个采办阶段之前，各个里程碑决策点应对项目计划的风险和风险管理方案进行明确的评估，著名的跨国公司——美国大西洋富田公司（ARCO），在确定其分承包商方式、部门职责、质量控制、进度控制、文件控制、保险等方面都提出了严格的要求，以便对管理活动和施工作业进行全过程、全方位的监控。它还要求分承包商投保高额的保险，以保证不会因意外的事故破产而影响积极采取行动来开展项目风险管理。他山之石，可以攻玉，美国等发达国家项目风险的预警管理模式，给我们如何开展项目风险管理以深刻的启迪。相比之下，项目主体风险管理滞后，使用方控制不力是我们当前风险控制难以有效实施的关键所在。

综上所述，风险监控的关键在于培养敏锐的风险意识，建立科学的风险预警系统，从“教火式”风险监控向“消防式”风险监控发展，从注重风险防范向注重风险事前控制发展。

三、制订应对风险的应急计划

风险监控的价值体现在保持项目管理在预定的轨道上进行，不致发生大的偏差，但风险的特殊性也使监控活动面临着严峻的挑战，环境的多变性，风险的复杂性，这些都对风险监控的有效性提出了更高的要求。为了保证项目有效果、有效率地进行，必须对项目实施过程中的各种风险（已识别的或潜在的）进行系统管理，并对项目风险可能出现的各种意外情况进行有效管理。因此，制订应对各种风险的应急计划是建筑工程项目风险监控的一个重要工作，也是实施建筑工程项目风险监控的一个重要途径。

应急计划是为控制项目实施过程中有可能出现或发生的特定情况做好准备。例如，一种外部风险的引入，项目预算削减20%。应急计划包括风险的描述、完成计划的假设、风险发生的可能性、风险影响以及适当的反应等。

一个有效的应急计划往往把风险看作是由某种“触发器”（Trigger）引起的，即项目中的风险存在着某种因果关系。在项目管理中，仅仅接受风险而不重视风险产生的原因，只会鼓励对风险作出反应，而不是预先行动，计划应对风险来源作出判断。图10-3描述了应急计划流程图，表10-2总结了风险的因果关系，表10-3介绍了应急计划的基本格式。

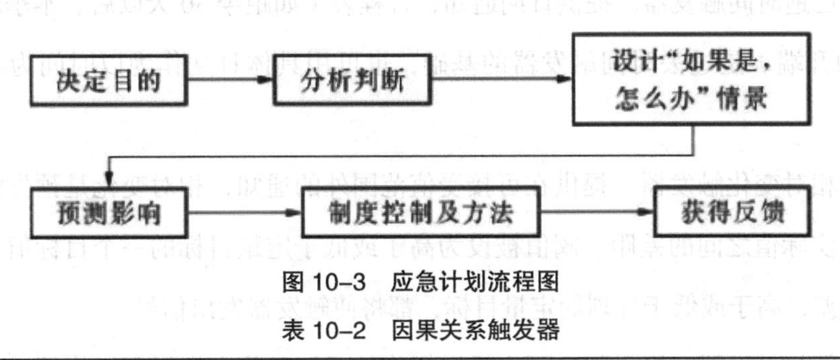

图 10–3 应急计划流程图

表 10–2 因果关系触发器

产生的原因	结果
文化	对社会的看法及观点
经济	成本失败
人	生活威胁
劳动力	罢工
法律	司法体系及效力；政府政策
管理	组织方向
市场	市场分享/渗透
媒体	公众支持
伦理	精神方面
政治	地位
技术	“现在不能做”影响

表 10–3 应急计划基本格式

风险描述
假设
可能性 周期：高 中 低
影响
技术的 操作的 功能的
目的

触发器在建筑工程项目风险监控中是一个十分有用的概念，触发器可提供 3 种基本的控制功能：第一是激活，触发器提供再次访问风险行动计划（或对照计划取得的进展）的警铃；第二是解除，触发器可用于发送信号，终止风险应对活动；第三是挂起，触发器可用于暂停执行风险行动计划。以下 4 种触发器用于提供不可接受风险级别的通知。

（1）定期事件触发器。提供活动通知，进度安排的项目事件（如每月管理报告、项目评审和技术设计评审）是定期事件触发器的基础。

（2）已逝时间触发器。提供日期通知，日程表（如距今 30 天以后、本季度末、财政年度的开端）是过去时间触发器的基础，也可用具体日期作为以时间为基础的触发器。

（3）相对变化触发器。提供在可接受值范围外的通知，相对变化是预先确定的定量目标与实际值之间的差距。阈值被设为高于或低于定量目标的一个目标值，具体百分比的偏差，高于或低于计划的定量目标，都将使触发器发出信号。

（4）阈值触发器。提供超过预先设定阈值的通知，状态指标和阈值的对比是阈值触发器的基础。状态指标超过阈值时，就设定触发器，如果项目风险指标超过阈值，将发出报警信号，能及时提醒项目管理人员，并报告定量成本预算内的结果。

四、制定风险监控行动过程

风险监控过程有助于控制项目过程或产品的偏差。例如，风险管理过程可能需要控制行动来改进过程。风险行动计划是一种中间产品，它可能需要控制行动来修改没有产生满意结果的途径。建筑工程项目风险监控，重要的是应根据监控得到的项目风险征兆，作出合理的判断，采取有效的行动，即必须制定出项目风险监控行动过程。根据控制的 PDEA 循环过程，建筑工程项目风险监控行动过程一般包括以下 4 个步骤。

（1）识别问题：找出过程或产品中的问题，产品可能是中间产品，如风险行动计划。

（2）评估问题：进行分析以便理解和评估记录在案的问题。

（3）计划行动：批准行动计划来解决问题。

（4）监视进展：跟踪进展直至问题得以解决，并将经验教训记录在案，供日后参考。

第六节　建筑工程项目风险监控的技术与工具

一、风险监控技巧

项目监控技巧往往取决于可用的工具。一个项目的自动化程度取决于所用的工具，如简单的电子表格应用程序可用于绘制导航图表和报告趋势，复杂的进度工具可用于跟踪长时间的活动和资源。无论工具的自动化程度有多高，但都绝对有必要保持跟踪一套计划性和技术性能度量，这对监视风险而言至关重要。技术性能度量描述了系统实践的定量目标。一种风险监控技巧是利用静态的度量来揭示动态的项目风险。首先定义可接受状态的范围；最后跟踪状态确定趋势。当度量低于可接受的值时，立即启动行动计划。用静态度量来监视风险，包括以下 3 个步骤：

（1）将不可接受状态的警告级别定义为阈值；

（2）用度量和度量规格监视状态指标；

（3）用触发器控制风险行动计划。

二、风险监控技术

（一）审核检查法

审核检查法是一种传统的控制方法，该方法可用于项目的全过程中，从项目建议书开始，直至项目结束。

项目建议书、项目产品或服务的技术规格要求、项目的招标文件、设计文件、实施计划、必要的试验等都需要审核。审核时要查出错误、疏漏、不准确、前后矛盾、不一致之处。审核还会发现以前或他人未注意的或未考虑到的问题。审核多在项目进展到一定阶段时，以会议形式去进行。审核会议要有明确的目标、问题要具体，要请多方面的人员一起参加，参加者不能只审核自己负责的部分工作。审核结束后，要把发现的问题及时交代给原来负责的人员，让他们马上采取行动，予以解决，问题解决后还要由专人进行签字验收。

检查是在项目实施过程中进行，而不是在项目告一段落后进行。检查是为了把各方面的反馈意见及时通知给有关人员，一般以完成的工作成果为研究对象，包括项目的设计文件、实施计划、试验计划、试验结果、正在施工的工程、运送到现场的材料、设备等。检查不像审核那样正规，一般在项目的设计和实施阶段进行。参加检查的人员专业技术水平最好大致相同，这样便于平等地讨论问题。检查之前最好准备一张表，把要问的问题记在上面。在检查时，把发现的问题及时记录在案。检查结束后，要把发现的问题及时地向负责该工作的人员进行反馈，使他们能马上采取一定的行动，予以解决，问题解决后要由专人签字验收。

（二）监视单

监视单是项目实施过程中需要管理工作给予特别关注的关键区域的清单。这是一种简单明了又很容易编制的文件，内容可浅可深，浅则可只列出已辨识出的风险，深则可列出诸如下述内容：风险顺序、风险在监视单中已停留的时间、风险处理活动、各项风险处理活动的计划完成日期和实际完成日期、对任何差别的解释等。监视单的示例见表 10-4。

表 10-4　项目风险监视单示例

潜在风险区	风险降低活动	活动代码	预计完成日期	完成日期	备注
准确预测舰载设备经受的冲击环境	使用多重有限源代码和简化数字模型进行早期评估；对简单隔离的结构、简单隔离的舱室以及建议的隔离结构进行冲击试验以提高预测的置信度	SEA03P31	1997.8.31 1998.8.31		

续表

潜在风险区	风险降低活动	活动代码	预计完成日期	完成日期	备注
评价与以往设计不同的舰船系统的声学影响	对未经大尺寸试验或全尺寸试航验证的技术集中力量建立声学模型和缩尺试验将利用隔离模块舱得出的声音信号减弱系数纳入系统要求。持续进行模型试验以确认对隔离舱的预测值	SEA03TC	1997.8.31 1997.8.31		

项目风险监视单的编制应根据风险评估的结果，一般应使监视单中的风险数目尽量少，并重点列出那些对项目影响最大的风险。随着项目向前进展和定期的评估，可能要增补某些内容。如果有数目可观的新风险影响重大，就非常有必要列入监视单，则说明初始风险评估不准，项目风险比最初预估的要大，也可能说明项目正处在失去控制的边缘。如果某项风险因风险处理无进展而长时间停留在监视单之中，则说明可能需要对该风险或其处理方法进行重新评估。监视单的内容应在各种正式和非正式的项目审查会议期间进行审查和评估。

（三）项目风险报告

项目风险报告是用来向决策者和项目组织成员传达风险信息，通报风险状况和风险处理活动的效果。风险报告的形式有多种，时间仓促可作非正式口头报告，里程碑审查则需提出正式摘要报告，报告内容的详略程度按接受报告人的需要来确定。

成功的风险管理工作都要及时报告风险监控过程的结果。风险报告要求，包括报告格式和频度一般应作为制订风险管理计划的内容进行统一考虑，并纳入风险管理计划。编制和提交此类报告一般是项目管理的一项日常工作。为了看出技术、进度和费用方面有无影响项目目标实现和里程碑要求满足的障碍，可将这些报告纳入项目管理审查和技术里程碑进行审查，这对项目管理办公室和其他外围单位可能很有用。尽管此类报告可以迅速地评述已辨识问题的整个风险状况，但是更为详细的风险状况可能还需要单独的风险分析。

在这里主要介绍两类风险报告，一类是在项目实施之前根据风险分析的结果进行汇总的项目风险响应计划，另一类是在项目执行过程中对风险事件进行监控和状态汇报的风险管理情况报告和风险日志。

1. 项目风险响应计划

所谓风险响应，是对一个风险事件所采取的行动，它是为减小风险发生的可能性，或者降低它的有害影响的严重性而采取的行动。而在项目实施阶段开始时，首先需要将当时所有已识别出的风险进行详细的记录，以便于对项目实施过程中的风险监控，这种用于记录风险的文件通常被称为“风险响应计划”，有时也称作“风险注册表”，它的主要内容包括风险简要描述、原因、发生概率、对项目目标的影响、建议供应对措施、风险的责任者等。

例如，在某军用航空型号项目中，经过风险分析确认了在工程研制阶段存在 14 项风险事件。在研制项目实施前将这 14 项风险详细地记录在一个风险注册表 10-5 中。

表 10–5 XX 项目风险研制阶段风险注册

序号	风险事项	风险分析结果			风险分析方法	应对措施
		风险事件发生的概率	风险的严重性	风险的等级		
1	战术技术指标失当	0.5	Ⅲ	低	头脑风暴法、主观概率	承担或转移
2	双三角翼布局失误	0.7	Ⅱ	中	故障树分析	避免或转移
3	机动襟翼系统失误	0.7	Ⅱ	中	故障树分析	避免或转移
4	发动机失误	0.3	Ⅲ	低	故障树分析	避免或转移
5	订货方案决策更改	0.3	Ⅱ	中	头脑风暴法，经验分布	避免
6	进度严重拖延	0.5	Ⅱ	中	风险核对表、外推法	避免
7	发生重大事故	0.1	Ⅰ	高	风险核对表、主观概率	避免
8	费用超支	0.5	Ⅲ	低	风险核对表、外推法	承担
9	外部采购产品价格过高	0.5	Ⅲ	低	风险核对表	承担
10	计划不周	0.5	Ⅲ	低	风险核对表	承担
11	技术问题拖延	0.5	Ⅲ	低	头脑风暴法、主观概率	承担
12	生产质量问题拖延	0.5	Ⅲ	低	头脑风暴法、主观概率	承担
13	保障条件不适用	0.5	Ⅲ	低	风险核对表	承担
14	保障条件不具备	0.5	Ⅳ	低	风险核对表	预防

在某些大型复杂项目中，随着项目的进展，风险事件的内容和处理方式都会随之发生变化。因此，在必要时在项目的各里程碑节点都需要重新识别、分析下一个项目阶段的风险事项、风险分析结果和应对措施等。例如，我国的国防项目常在论证阶段、方案阶段、工程研制阶段和生产交付阶段都对项目的风险进行分析并制订出相应的计划。

2. 项目实施过程中的风险报告

在项目的实施过程中，有些识别出的风险事件将会发生，有些事件则可能实际并没有发生，也可能并没有预料到的一些风险事件却在项目过程中发生了。而且，在整个项目过程中风险事件的发生概率和影响程度也不是一成不变的，必须要实时地将这些风险变化记录下来以便于管理人员和决策者迅速做出反应。这种报告的形式是多样的，可以用口头报告、正式报告，其详细程度也可根据需要进行确定。

在一般情况下，可以按照固定间隔时间进行风险报告。表 10-6 是一个项目风险报告的示例，它报告的是在项目执行的某一节点中各项风险的状况信息。

表 10–6　项目风险报告示例

编号	风险事项	风险变化情况	状况/意见
1	无库存编目的备件	风险得到一定缓解	数据审查中需指定件号
2	工程更新	风险减轻.风险等级由“中”降为“低”	数据已经审查，无须更新
3	备件和保障	风险减轻风险等级由“高”降为“低”	备件清单已批准，无对策计划
4	经费申请的审批周期过长	风险得到一定缓解	
5	工程索赔	风险解除	问题得到解决
6	政府提供的设备缺乏后勤 保障分析记录	无变化	承包商后勤保障分析计划提交，第二年改新安播进度
7	零件采购时机	风险减轻风险等级由“高”降为“低”	进行工作分析确定购买机会
8	设计成熟性	风险减轻风险等级由“高”降为“低”	研究民用多路控制器接口
9	系统硬件接口定义	风险加重风险等级由“低”升为“高”	天线、电缆布局引发风险问题

这张风险报告单对于项目管理者和其他项目相关者实施项目将是非常有用的。

三、挣值法

挣值法是衡量项目执行情况和绩效的常用分析方法。这种方法科学地引入了一个能够反映项目进展情况的费用尺度——已完成工作的基线费用，被称为“挣值”来监控项目的费用情况。挣值表示以计划费用基线为基础的已完成工作的货币价值。它综合了项目范围、时间、费用测量，通过对已完成工作实际成本（ACWP）与计划工作预算成本（BCWS）、已完成工作预算成本（BCWP）之间的比较，确定项目在费用支出和时间进度方面是否符合原定计划要求。

挣值法采用货币形式代替工作量来测量项目的进度，它不以投入资金的多少来反映项目的进展，而是以资金已经转化为项目的成果量来进行衡量。所有的工作都按照时间段的“计划价值”增值进行计划、预算和进度安排构成了成本和进度的度量基线。通过将实际项目进展与该基线进行比较，分析实际与计划的偏差，就可以预测出各种时间的完成情况，及时处理各种变化。

在实际项目实施过程中总会有不可预期的各种因素变化，因此偏差是始终存在的。在项目实施过程中，必须将这种偏差控制在允许的范围内。一旦偏差超出了允许的范围，就表明项目的预算或者进度将可能无法按照计划去完成，导致项目目标的偏离，这样就产生了风险。

挣值法可以在偏差还没有达到危险的程度之前就发现风险，从而采取措施以规避项目风险。

（一）挣值法的基本原理

在项目进行期间，定期监控如下三个基本参数。

计划工作预算成本，其计算公式为：

$$BCW=计划工作量\times 预算定额$$

已完成工作实际成本，主要反映项目执行的实际消耗指标。

已完成工作预算成本，是用已完成工作量及按预算定额计算出来的费用，即挣值。其计算公式为：

$$BCWP=已完成工作量\times 预算定额$$

用挣值法进行项目费用控制时，借助于工作分解结构（WBS），将 BCWP 与 ACWP 进行比较，用其偏差值和偏差率来判断项目实际费用是否保持在预算范围内。

利用上述三个基本参数可以导出以下几个重要指标：

费用偏差，计算公式为 CV=BCWP–ACWP。

进度偏差，计算公式为 SV=BCWP–BCWS。

费用执行指标，是指预算费用与实际费用值之比（或工时值之比）。计算公式为 CPI=BCWP/ACWP。

进度执行指标，是指项目挣值与计划之比。计算公式为 SPI=BCWP/BCWS。

用这几个重要指标判别项目费用和进程的标准。

当CV为负值时，表示项目执行效果不佳，实际费用超过预算费用；当CV为正值时，表示项目执行效果好，实际费用低于预算费用；当CV等于零时，表示实际费用等于预算值。

当SV为正值时，表示进度提前；当SV为负值时，表示进度延误；当SV等于零时，表示实际进度等于计划进度。

当CPI大于1时，表示低于预算，即实际费用低于预算费用；当CPI小于1时，表示超出预算，即实际费用高于预算费用；当CPI等于1时，表示实际费用与预算费用吻合。

可采用S曲线来表示费用和进度的判别标准。

人们常常把BCWP和ACWP在不同报告期的值画在一张时间表上，称为S曲线。S曲线可以显示出项目是超支还是在预算范围内。如果再画上计划费用基线SCWS，则对比BCWP与BCWS和ACWP值，可以得到项目是提前还是滞后于计划的状态。这样就可以进行费用和进度控制，如图10-4所示为四种类别的S曲线。

S曲线说明了挣值（BCWP）与已完成工作的实际费用（ACWP）、预定工作的基线费用（BCWS）以及费用偏差（CV）和进度偏差（SV）之间的关系。同时也说明了预算估算和基本计划估算之间的区别。如图10-5所示。基线是控制的尺度，而预算则是项目业主最期望在费的费用，两者之间的差值就是不可预见费。

图10-5中的S曲线表明，在当前时间，费用偏差为正值，表示项目超支；进度偏差为负值，表示项目滞后的计划安排。

通过偏差计算可预测项目完成时可能发生的费用（EAC）。

在预测时，有两个简化的假定：

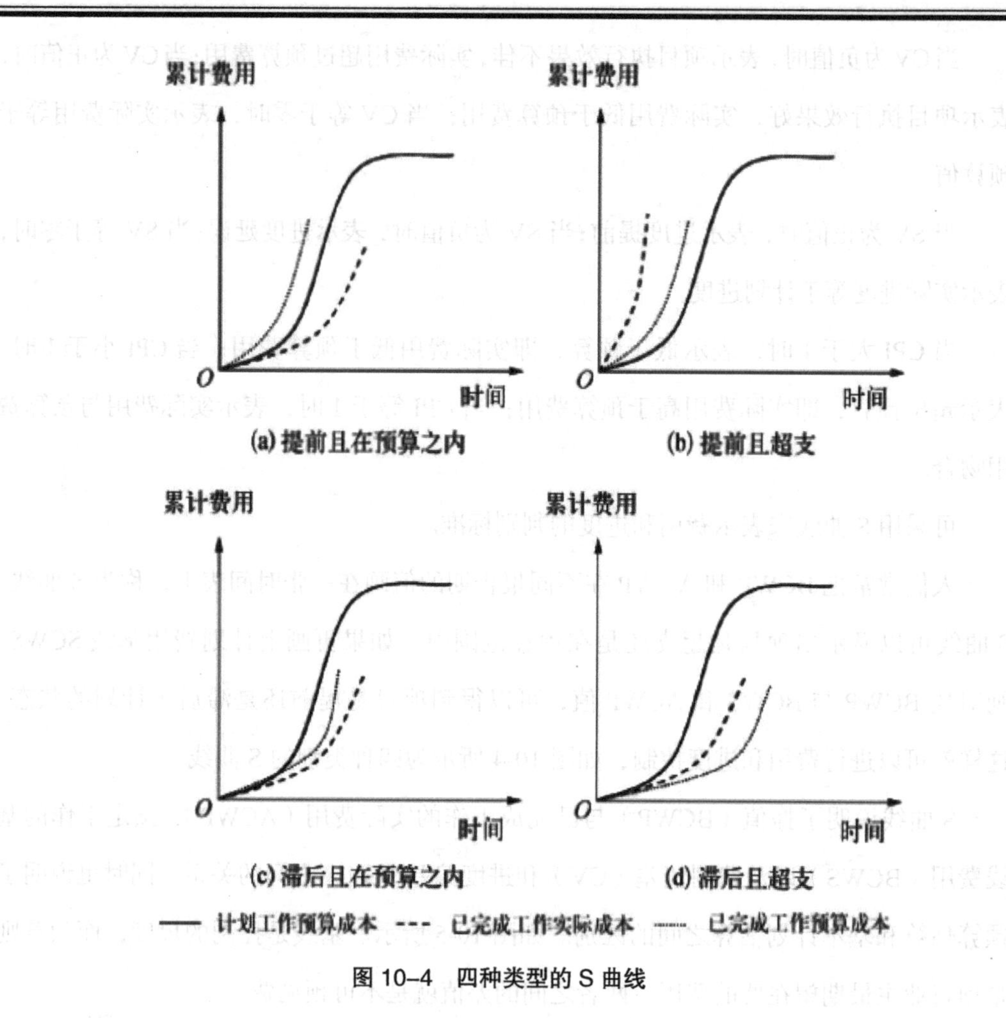

图 10-4　四种类型的 S 曲线

图 10-5　S 曲线的应用

（1）如果项目完成时的偏差等于目前的偏差，那么 EAC= 预算 + 目前的偏差。

（2）如果项目完成时的偏差率等于目前的偏差率，那么 EAC= 预算 ×（1+ 目前的偏差率）。

后一种则更符合实际情况，但一般常用的还是前者。因为一些超支现象不可能重复发生，那些重复的超支现象可以借助以前的经验予以减少，一些节省的费用可用来平衡以后的超支。实际最准确的预测是在 WBS 的一个较低层次中得到的。其中，出于在实践中，类似的工作元素可因为经验而不断修改，所以“目前的偏差率”相对准确些。

美国军方利用“成本进度控制系统”评估承包商的成本估算，对承包商成本估算进行评估时所采用的公式为：

完成时的估算 = 累计完成工作的实际成本 +(完成时的预算—累计完成工作的预算成本)/ 实效系数。

他们使用了四种实效系数，如表 10-7 所示。以美军最终放弃的 A-12 项目为例，可以分析在此公式的应用过程。表 10-7 给出了 1990 年 4 月 A-12 项目的成本实效系数，表 10-7 是用四个实效系数计算出的成本估算区间值。

表 10–7　1990 年 4 月 A–12 项目的成本实效系数　　单位：百万美元

月份	计划工作的预算成本	完成工作的预算成本	完成工作的实际成本	进度差异	成本差异	完成时的预算	完成时的估算	完成时的差异
4	2080	1491	1950	589	549	4046	4400	354

将表 10-7 给出的四个实效系数值分别带入上述公式，于是便计算出四个成本估算区间值（见表 10-8 第三列）。从表 10-8 中可以看出，1990 年 4 月，A-12 项目承包商给出完成该项目时的成本估算是 44 亿美元，没有落在四个成本估算区间值内，即 66.12 亿美元和 52.92 亿美元之间。这表明承包商的成本估算系统有问题。另外，从表中可以看出，到 1990 年 4 月，A-12 项目成本超支已达 5.49 亿美元，进度拖延已达 5.89 亿美元。显然，严重超预算和拖延进度历时 5 年之久，是已耗费 19.50 亿美元的 A-12 项目夭折的直接原因。

表 10-8　A-I2 项目用四个实效系数算出的成本估算区间值

实效系数	实效系数值	完成时的估算/百万美元
CPIXSPI	0.5481	6612
SPI	0.7168	5514
0.8PCI+0.2SPI	0.7551	5334
CPI	0.7646	5292

挣值法最先是在美国出现并应用的，20 世纪 90 年代，美国国内商业领域和美国国防部都已经制定了关于挣值管理系统运行的标准。这些标准对于挣值管理的实施进行了比较明确的规定，例如在挣值和管理报告方面规定以下内容。

（1）至少以月为基础，从会计系统中的成本账户生成计划预算的量与实际完成预算量的比较、实际工作预算的量与实际成本的比较，以满足管理使用实际成本数据的需要。

（2）至少每月确认计划与实际进度之间的差异和计划与实际成本之间的差异。

（3）为了对项目管理实施有效控制，应确认预算和实际的间接成本，还必须提供出产生差异的原因。

（4）为了支持管理的需要和顾客在合同中的指定报告，通过项目组织或工作分解结构来总结数据和相关的差异。

（5）按照项目挣值管理信息的结果采取管理行动。

（6）在当日绩效、材料的价值、未来状况估计的基础上开发项目总成本的修正估计。

对于采用挣值管理方法识别出的偏差，通常需要采取修正行动或者进行项目的变更。

从项目风险角度来说，所采取的修正行动或者进行变更，实际上就是对项目的风险采取合理的应对措施。

（二）挣值法在项目风险管理中的运用

任何拥有项目工作分解结构性的计划、成本计划和适当的信息收集系统的项目都可以使用项目挣值管理方法，但并不代表换值法适用于所有类型的项目。总的来说，具有以下一项或者多项主要特征的项目才适合使用项目挣值管理方法：①目标界定清晰；②达到目标的路径清晰；③劳动含量高；④创造性的工作；⑤规范的管理结构；⑥成本和工期受到限制。

挣值法最主要的应用是在大型的国防工程开发项目上，因为在这样的项目中会有很多需要用创造性的方法来解决的问题，要求有很高的创新度。这类项目一般都有很大的风险，而且容易超出工期和成本的限制。用挣值法来处理这类问题，尤其是在不确定的项目状况下，对项目进展的度量有很好的效果。这种方法有时被称为“项目成本工期的集成控制”，可以对项目状况变坏时进行及时预警，这样就可以创造更多的机会来对项目过程中产生的风险采取补救措施，以免项目的进展状况无法挽回。

一般来说，在项目开展的过程中建立一套项目成本 / 进度控制系统，是实施挣值法的必要条件。一个比较完整的项目成本 / 进度控制系统应该包含以下一些主要内容。

（1）工作分解的进度和成本计划。在国外的国防项目中，一般认为正式的、规范的项目进行分解结构应当是“基于项目产出物”的，即用来定义项目承包商向业主提供的产品和劳务的层次性描述。然而在一般的项目中，常常可以按照项目产出物、项目组织、项目任务等不同形式来生成项目工作分解结构。在此基础之上，对每一个工作包进行计划任务、分配资源、安排成本，再加上项目不可预见费用预算的项目成本总和，那么就形成了详细的进度和成本计划，即项目的基线。

（2）准确实时的项目成本报告系统。挣值法的主旨在于将实际完成的预算和工作与项目基线进行比较，从而得出对项目进展情况的评价，并对不利情况进行预警和报告。因此，建立一种实时监控的报告系统是进行挣值管理的基础。报告系统应当定义成本报告的责任者、报告数据结构、报告频率等内容。

（3）正式的项目进度评估方法。对于项目现实进展情况进行正确的评估，是决定项目未来是否采取纠偏行动、采取何种纠偏措施的重要环节。实际项目中应当根据不同的环境和情况对各种评估方法进行选择，常用的方法可分为四类：主观评价、客观评价度量、主要规则和间接评价。

（4）必要的项目管理软件。在现代项目管理领域，软件系统已经成为项目管理过程中必不可少的一部分，挣值管理也是如此。如果缺乏相应的软件支持，则网络计划、资源配置、进度安排、成本核算和净值计算等工作将变得非常繁琐，甚至不可执行，而导致挣值法的失败。

挣值法的不足之处在于，如果挣值评估提示进度拖后，细查原因是编制完成情况测量基准时，非关键工作分配预算过分前置，因此这里产拖后并不影响总进度计划。另外，有时挣值评估反映项目按进度，成本不超支，一切都运行良好，但实际上由于某项目虽然成本不高，但却是非常重要的关键工作，拖后完成反而会严重影响进度。因此，使用挣值评估还需与传统的进度甘特图和里程碑计划结合起来，才能取长补短，优劣互补。

另一方面，虽然挣值法能够度量当前的绩效、预测未来的发展趋势，但是如果这种趋势显示出未来将有困难时，挣值法并不能提供解决这些困难的办法。尽管它能够显示问题衔出在哪里，但无法说明问题是什么。因此，挣值法在项目风险管理中主要是起到一种预警的作用，在采用挣值法发现项目某些环节出现问题之后，再利用风险分析方法来分析出现差异的问题是什么，然后再采取措施（例如，进行纠偏措施或者项目变更）进行风险应对以降低或者消除风险带来的不良影响。

四、建筑工程项目风险监控系统

所谓项目风险监控系统，就是依托项目风险管理组织及其风险管理人员，按照制定的风险监控规章政策，运用各种技术方法和手段，对项目活动中存在的各种风险因素及危机现象进行持续监测、预防、控制和应急处置的一种组织与技术系统。图 10-6 为风险监控系统及其作用关系示意图。作为项目风险管理过程的重要环节，风险监控系统通过风险信息的采集、分析、预警以及控制决策的实施，能够动态地掌握项目风险及其变化情况，跟踪并控制项目风险，确保高效地实现项目目标。

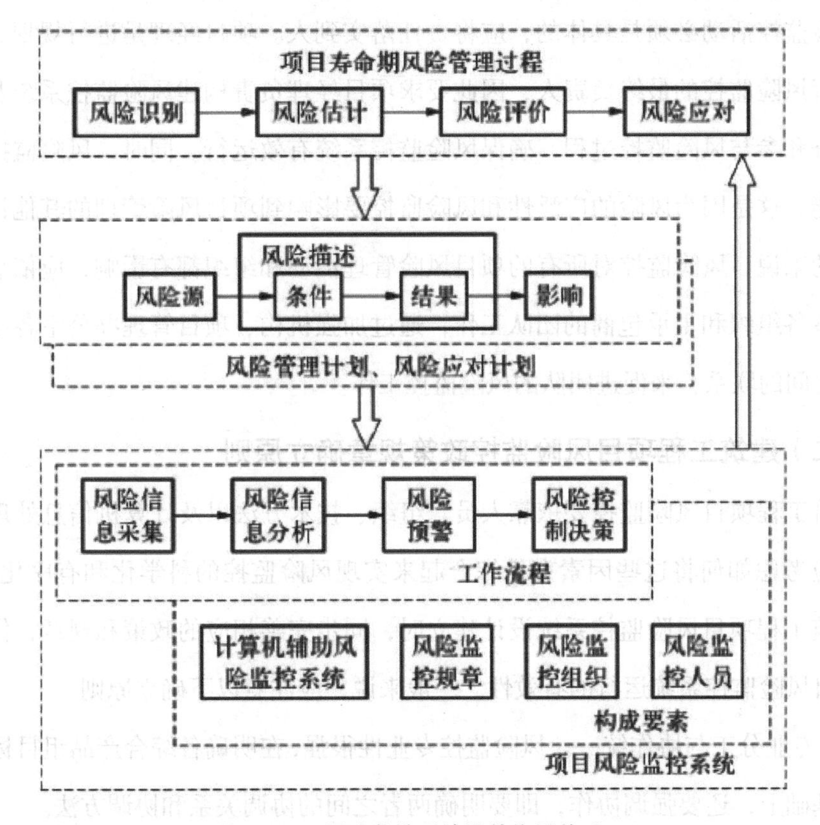

图 10-6　风险监控系统及其作用关系

（一）风险监控组织及其人员

风险监控是项目风险管理的有机组成部分，不是附加的或需要单独执行的工作。因此，风险监控的组织形式应与整个项目的风险管理的组织形式一致。一般来说，风险管理组织形式包括集中式和分散式两种。

在项目管理中，由项目经理负责风险管理的实施。一般在项目开始阶段，项目经理可选用集中式的风险管理组织结构，直到所有项目组成员都熟悉项目和风险管理过程以后，再采用分散式风险管理组织。在集中式风险管理中，项目经理要组建一个专门的风险管理组，以负责风险管理的所有工作，其中包括监控风险管理工作的进展情况。在分散式风险管理中，风险管理被委托给各个项目综合产品组要求所有人员在其日常工作中都要考虑风险管理及监控问题，设置一名风险管理协调员来协助项目经理履行职责，并和项目综合产品组、各功能办公室和项目级综合产品组共同协调监控工作。

风险监控活动必须是具体的，应将责任落实到人。项目经理是进行规划、分配资源和执行风险监控的最终负责人，因此要求项目经理负责构建风险监控系统及政策规章、检查和参与风险监控过程，确保风险监控系统有效运行。同时，风险监控是一项团队功能。这是因为风险的广泛性和风险监控要影响到项目风险管理的其他计划和行动。总的来说，风险监控对所有的项目风险管理活动和组织都有影响，应依靠项目管理办公室各组织和主承包商的团队工作，通过加强机构、项目管理办公室各组织及主承包商之间的联系，来促进团队的风险监控工作。

（二）建筑工程项目风险监控政策规章确立原则

建筑工程项目风险监控要依靠人员、组织、技术方法以及计算机信息处理技术来实施，应考虑如何将这些因素有机综合起来实现风险监控的科学化和有序化。因此，要在建筑工程项目风险监控系统设计建立时，同步完善相应的政策和规章，促进建筑工程项目风险监控系统运行的有效性。一般来说，应注意以下确立原则。

（1）专业分工与协作统一。风险监控专业性很强，在明确各综合产品组目标、任务、职责的基础上，还要强调协作，即要明确两者之间的协调关系和协调方法。

（2）权责一致。在风险监控中，应明确划分职责、权利范围，做到责任和权利相一致，使整个监控系统能够正常运行。

（3）经济效率。应将经济性与高效率放在重要地位。系统中的每个机构、每个人员为实现风险监控目标，实行最有效的协调，使各项工作简洁而正确，减少重复和推诿。

（4）动态全过程监控。项目风险不是一成不变的，而是随项目的进展、环境和条件的变化而变化的。这就要求在风险监控过程中，注意收集与项目有关的各种信息，对信息进行处理后，从中识别出新的风险，或排除不会发生的风险，制定新的风险应对措施，使风险监控具有针对性。

（5）对拟采用的风险防范和应对措施要进行权衡比较分析，优选效率费用比高的措施，并确保其有效性。

（6）将信息的获取与加工作为一项重要工作。能否对风险进行及时有效的监控，与信息的全面性和及时性有密切关系。尤其在现代工程项目涉及的风险因素繁多，风险信息量大，要求在风险监控过程中，各职能部门紧密合作，保证信息的流畅和共享。

（三）计算机辅助风险监控系统

风险信息及其管理、利用在建筑工程项目风险监控中起到至关重要的作用。因此，运用计算机信息处理技术来开展风险监控成为项目风险管理的发展趋势之一。除了前面介绍的风险预警功能外，计算机辅助风险监控系统应最大限度地实现建筑工程项目风险监控工作的自动化，从而提高其效率和效能。具体地讲，计算机辅助风险监控系统应具有如下能力。

（1）对项目全寿命过程风险持续监控的支持。项目风险是其各种影响因素的函数，由于这些影响因素在项目寿命周期各阶段是动态变化的，因此，项目风险具有时变性，要求在全寿命期间对其进行持续监控任务。特别是大型工程项目，由于新技术、新材料、新工艺以及软件的综合作用，往往包含着人类未曾把握的风险，需要通过持续监测予以不断发现与认识并加以控制。

（2）对项目全要素风险监控的支持。项目风险的类型众多，涉及多种多样的风险源，他们之间也存在着复杂的相互影响关系，导致项目风险具有很大的不确定性。因此，应综合考虑项目关联的各种风险要素，通过建立其与项目风险目标的作用关系，动态监测和评估其影响，实现对风险的优化控制。

（3）对建筑工程项目风险监控全流程的支持。其中主要包括对风险信息的采集、风险信息分析、风险预警、风险控制决策等监控工作流程的全面支持。例如，风险信息采集包括从信息源提取必据、信息更新、信息归类、剔除无用信息等，风险信息分析包括风险来源及类型统计、风险趋势预测、风险因素影响重要度计算、风险仿真评估等，风险控制决策包括控制策略确定、控制方案评价与优化、风险管理计划调整建议等。

（4）对建筑工程项目风险监控技术综合运用的支持。可用于建筑工程项目风险监控的技术方法很多，其应用取决于项目进展、风险类别、风险变化等条件或时机以及自身的适用性。其应尽可能提高信息化的辅助工具支持各种监控技术的运用，减轻风险监控人员的负担，提高监控效率。

（5）对各种建筑工程项目风险监控组织及人员的支持。使担负不同风险监控职责的组织和人员能并行工作，共同协作完成风险监控目标。

此外，计算机辅助风险监控系统作为项目风险管理系统的有机组成部分，应注意解决如相关的过程和数据接口问题，以确保能够协同一致地开展风险管理工作，实现风险信息的共享。

（1）风险监控是通过对项目风险规划、识别、估计、评价、应对全过程的监视和控制，从而保证项目风险管理能达到预期的目标，它是项目实施过程中的一项重要工作。

（2）建筑工程项目风险监控的主要任务是采取应对风险的纠正措施以及全面风险管理计划的更新。包括两个层面的工作任务。

①跟踪已识别风险的发展变化情况，包括在整个项目生命周期内，风险产生的条件导致的后果变化，衡量风险减缓计划需求。

②根据风险的变化情况及时调整全面风险管理计划，并对已发生的风险及其产生的遗留风险和新增风险及时识别、分析，并采取适当的应对措施。

（3）风险监控过程活动主要内容

①监控风险设想；

②跟踪风险管理计划的实施；

③跟踪风险应对计划的实施；

④制定风险监控标准；

⑤采用有效的风险监视和控制方法、工具；

⑥报告风险状态；

⑦发出风险预警信号；

⑧提出风险处置新建议。

（4）建筑工程项目风险监控方法

①系统的项目监控方法；②风险预警系统；③制订应对风险的应急计划；④制定风险监控行动过程。

（5）风险监控技术

①审核检查法；

②监视单；

③项目风险报告；

④挣值法；

⑤建筑工程项目风险监控系统。

参考文献

[1] 潘清华 . 对建筑工程风险管理的研究 [J]. 城市建设理论研究 : 电子版 , 2013,(29):1-3.

[2] 张康达 . 对建筑工程风险管理的研究 [J]. 城市建设理论研究 : 电子版 , 2015(18).

[3] 陈乃炯 , 陈乃濂 , 付娟 . 窥探房屋建筑工程风险管理现状及预防策略 [J]. 门窗 , 2016(10):44.

[4] 刘杰 , 刘春波 , 张峰 . 建筑工程风险管理研究 [J]. 科技资讯 , 2009(24):61.

[5] 侯品 , 杨青 , 熊伊第 . 建筑工程风险管理研究 [J]. 科技视界 , 2014(34):107.

[6] 李万庆 , 张明 , 孟文清 , 等 . 粗集理论在建筑工程风险管理中的应用 [J]. 建筑技术开发 , 2004, 31(9):2.

[7] 凌晨 , 冯春红 . 关于建筑工程风险管理的研究 [J]. 科技创新与应用 , 2016(30):218.

[8] 杨琛飞 . 试析建筑工程风险管理存在问题及防范对策 [J]. 科技资讯 , 2007(4):54.

[9] 孙文琪 . 我国建筑工程风险管理的现状与对策 [J]. 青年时代 , 2014(4):2.

[10] 何联龙 . 建筑工程风险管理中存在的问题及对策 [J]. 时代经贸：下旬 , 2007, 5(09Z):5.

[11] 杨存义 . 论建筑工程风险管理 [J]. 榆林科技 , 2006(3):8.

[12] 余志峰 . 大型建筑工程项目风险管理和建筑工程保险的研究 [M]. 1993.

[13] 王作成 , 杨庆丰 . 我国建筑工程风险管理的现状及其解决对策 [J]. 煤炭技术 , 2003, 22(11):66.

[14] 钱国均 , 张浩良 , 李玉海 .EPC 模式下我国国际建筑工程投资风险管理成效研究 [J]. 中国房地产业 , 2015(Z2):1.

[15] 李晓波 . 建筑工程风险管理存在问题及防范措施 [J]. 中国科技博览 , 2011(19):1.

[16] 王晓辉 , 李建才 . 建筑工程风险管理研究 [J]. 中国科技博览 , 2014(17):1.

[17] 杨林 . 建筑工程风险管理及对策 [J]. 投资与合作 , 2011(11):62.

[18] 刘豪 .BIM 技术在建筑工程风险管理目标体系中的应用 [J]. 市场周刊：商务营销 , 2019, (081):P.1-1.

[19] 张连喜 . 建筑工程风险控制 [C]// 中国职业安全健康协会学术年会 .2005.

[20] 隋建刚 .BIM 技术在建筑工程风险管理目标体系中的应用 [J]. 百科论坛电子杂志 , 2020, (012):1112.

[21] 杨琛飞 . 试析建筑工程风险管理存在问题及防范对策 [J]. 科技资讯 , ,2004,(4):54.

[22] 刘书伟 . 论建筑工程风险控制的完善 [J]. 商场现代化 , , 2004,(13):64.

[23] 李由之 , 侯贺伟 . 我国建筑工程风险管理的有效措施探究 [J]. 城市建设理论研究 : 电子版 , 2011(25).

[24] 王晓辉 , 李建才 . 建筑工程风险管理研究 [J]. 中国科技博览 , 2014.

[25] 胡亮 . 建筑工程风险管理及其应用研究 [J]. 西南财经大学 , 2023,(10):10.

[26] 杨伟忠 , 杨俊 , 夏杰 . 浅议我国建筑工程风险管理制度体系的建立、推行和完善 [J]. 科技创业月刊 , 2008, 21(8):48.

[27] 潘宇鑫 , 崔琳琳 . 浅谈建筑工程风险管理 [J]. 市场论坛 , 2009, (7):65-65.

[28] 黄家暾 . 对建筑工程风险管理的研究 [J]. 商场现代化 , 2007,(10):64.

[29] 吴泗宗 , 唐坤 . 基于多层分布式体系结构的可复用建筑工程风险管理信息系统设计 [J]. 信息与控制 , 2005, 34(1):18.

[30] 滕剑敏 . 我国建筑工程风险管理的现状与对策 [J]. 市场周刊 , 2006(3):12.

